La Ciencia para Todos

La colección La Ciencia desde México, del Fondo de Cultura Económica, llevó, a partir de su nacimiento en 1986, un ritmo siempre ascendente que superó las aspiraciones de las personas e instituciones que la hicieron posible: nunca faltó material, y los científicos mexicanos desarrollaron una notable labor en un campo nuevo para ellos: escribir de modo que los temas más complejos e inaccesibles pudieran ser entendidos por los jóvenes estudiantes y los lectores sin formación científica.

Tras diez años de trabajo fructífero se pensó dar un paso adelante: extender el ámbito de la colección a los creadores de la ciencia que se hace y piensa en lengua española, razón por la cual ha tomado el nombre de La Ciencia para Todos.

Del Río Bravo al Cabo de Hornos y, cruzando el océano, hasta la Península Ibérica, se encuentra en marcha un ejército compuesto de un vasto número de investigadores, científicos y técnicos, que desempeñan su labor en todos los campos de la ciencia moderna, una disciplina tan revolucionaria que ha cambiado en corto tiempo nuestra forma de pensar y observar todo lo que nos rodea.

Se trata ahora no sólo de extender el campo de acción de una colección, sino de pensar una ciencia en nuestro idioma que, imaginamos, tendrá siempre en cuenta al hombre, sin deshumanizarse.

Esta nueva colección tiene como fin principal poner el pensamiento científico en manos de los jóvenes que, siguiendo a Rubén Darío, aún hablan en español. A ellos tocará, al llegar su turno, crear una ciencia que, sin desdeñar a ninguna otra, lleve la impronta de nuestros pueblos.

Agradeceremos sus comentarios y sugerencias al correo electrónico

laciencia@fce.com.mx

GEODINÁMICA DE MÉXICO Y MINERALES DEL MAR

Joaquín Eduardo Aguayo • Roberto Trápaga

GEODINÁMICA DE MEXICO Y MINERALES DEL MAR

SEP
cfe

la ciencia/141 para todos

Primera edición (La Ciencia desde México), 1996
Segunda edición (La Ciencia para Todos), 2001

La Ciencia para Todos es proyecto y propiedad del Fondo de Cultura Económica, al que pertenecen también sus derechos. Se publica con los auspicios de la Secretaría de Educación Pública y del Consejo Nacional de Ciencia y Tecnología.

Carretera Picacho-Ajusco 227, 14200 México, D.F.
www.fce.com.mx

ISBN 968-16-6376-4 (segunda edición)
ISBN 968-16-4535-9 (primera edición)

Impreso en México

NOTA

La categoría, nivel de calidad o grado de distinción de un país, dependen de tres factores que son fundamentales: *cultura*, *ciencia* y *tecnología*. Hay otros que son estratégicos, pero no menos importantes: ubicación geográfica, diversidad y abundancia de recursos naturales.

Cuando se sufre la carencia de alguno o algunos de los tres primeros factores mencionados, se padece de anemia colectiva intelectual, social y económica.

México, por tradición, es un país vasto en recursos naturales y tiene una posición geográfica envidiable; también es un país que heredó toda una cultura propia. No obstante, no ha logrado la autosuficiencia científica y tecnológica que permita satisfacer las demandas de las comunidades sociales; en parte, esto se debe a que la ciencia y los avances de la tecnología no están al alcance de todos los estratos sociales como es deseable.

Se intenta en esta obra hacer una reseña de la evolución geológica de México, con algunos pasajes importantes de índole histórica que narran el surgimiento de las ideas que guían el conocimiento actual que se tiene de la geodinámica de nuestro país y de la evolución de sus mares, así como de la importancia económica que representan los recursos minerales y energéticos oceánicos dentro del contexto global.

LOS AUTORES

I. Introducción

El conocimiento de las ciencias naturales ha avanzado paralelamente con la humanidad. El hombre, desde sus albores, se ha preguntado el porqué de su presencia en nuestro planeta y el significado de ésta dentro de su entorno en el Sistema Solar y en el Universo mismo. También, desde sus principios, veneró y utilizó cuatro elementos fundamentales que alimentaban sus fuentes de inspiración, de curiosidad y de temor: la *tierra*, el *aire*, el *fuego* y el *agua*, que siguen siendo los ingredientes vitales y aún válidos que rigen la estructura de las ciencias naturales, aunque con otro significado.

La inquietud de los estudiosos de las ciencias de la Tierra se deriva de la observación y la experimentación directa en el ecosistema que los rodea, acompañadas, en ocasiones, de un misticismo filosófico y hasta religioso, cuando no logran satisfacer plenamente su infinita curiosidad científica.

Particularmente, los estudiosos de la geología, como los de otras corrientes científicas y filosóficas, han tenido que luchar contra los dogmatismos sociopolíticos de su época. Esto se debe a que el progreso no ha sido continuo en sus múltiples etapas.

La ciencia geológica en México ha tenido un despertar vertiginoso en los últimos 30 años, después de haber pasado por un letargo prolongado de varias décadas. El conocimiento general que se tiene sobre la geodinámica del territorio se ha enriquecido en la medida en que grupos multidisciplinarios de científicos y técnicos aportan nuevos datos o cuando la información anterior se organiza y reinterpreta, de acuerdo con los criterios que dicta el conocimiento de la corriente científica actual. En ambos casos, se manifiesta continuamente la necesidad de intensificar los estudios en todos los campos de la ciencia y, en particular, de la geología, ya que de ella también depende la localización de los recursos minerales y energéticos contenidos en el mar, y en la superficie expuesta del continente. Por varios años esta provincia continental se ha estudiado local y regionalmente, no así la zona marina, por no contar con la infraestructura adecuada ni con el convencimiento social y político sobre la importancia científica y económica que el mar representa.

No se pretende que este ensayo sea un documento bibliográfico sobre las aportaciones históricas y contemporáneas de todos los estudiosos de las ciencias de la Tierra que han contribuido enormemente a la concepción actual que tenemos de México. Sin embargo, sí se intenta que en el transcurso de la obra se destaquen algunas investigaciones para ilustrar la importancia de la geodinámica del país y de su generación potencial de recursos minerales y energéticos, que serán estratégicos en un futuro próximo.

II. Antecedentes científicos

EN LAPSOS históricos de estancamiento u oscurantismo del conocimiento, se han gestado grandes ideas del pensamiento a veces encontradas. Por ejemplo, durante el periodo de 1775 a 1825, fueron muy discutidas las teorías del *neptunismo* y del *plutonismo.* Con la primera, Abraham G. Werner, en 1787, defendía que las rocas volcánicas de la litosfera se debían a la acción del agua (Neptuno, dios del mar); la segunda teoría, propuesta por J. Hutton (1726–1797) aseguraba que estas mismas rocas eran el producto exhumado del enfriamiento del magma proveniente del interior de la Tierra a través de volcanes.

Al mismo tiempo se debatían otras dos teorías, la del catastrofismo y la del uniformitarismo. La *catastrofista*, defendida tenazmente por G. Cuvier (1769–1832), explicaba que la conformación actual de nuestro planeta era el resultado de cambios súbitos, movimientos violentos y de corto periodo que acontecían en la litosfera a nivel mundial. Estos movimientos catastróficos eran de tal magnitud que debido a ellos ciertas especies de flora y fauna desaparecían súbitamente para dar lugar al surgimiento de otras especies orgánicas totalmente diferentes a las que les antecedían. En estos conceptos se basa la teoría de las *creaciones sucesivas.*

Otros naturalistas observaban que, por lo general, se encontraban formas biológicas con características intermedias entre los grupos más antiguos y los más jóvenes, formas que, aparentemente, representaban los eslabones en la evolución de las formas orgánicas más primitivas hacia las más recientes, por lo que no aceptaban la idea del *catastrofismo biológico.* Estas ideas fueron defendidas por J. B. Lamarck (1774–1829) y St. Hilaire (1772–1894), y posteriormente fundamentadas biológicamente por Charles Darwin (1809–1882). Como sabemos, después de un siglo de haber propuesto su idea sobre el origen de las especies y su evolución natural, la teoría del naturalista inglés aún es tema de fuerte controversia.

En contraste con la *teoría del catastrofismo*, existía otra, la del *uniformitarismo*, que tenía como principio que "El presente es la clave del pasado". Propuesta por James Hutton entre 1785 y 1788, y denominada *uniformitarismo* por Charles Lyell en 1830, propone que los cambios fisiográficos y estructurales de la Tierra se deben a procesos geológicos gobernados por leyes fisicoquímicas que actúan en forma permamente y no catastrófica. Sin embargo, la teoría no niega los movimientos sísmicos ni los volcánicos, entre otros fenómenos que ocurren en forma súbita y catastrófica, pero los explica como el reflejo de inestabilidades corticales locales, resultado de movimientos regionales y aun mundiales.

Como veremos más adelante, las teorías sobre el desarrollo y la conformación de la Tierra, por un lado, y sobre el origen y evolución de la vida, por el otro, dieron como consecuencia la concepción de otras dos teorías: la *fijista* y la *movilista*, no menos discutidas e igualmente importantes para la comprensión de nuestro planeta.

La *teoría fijista* afirma que la distribución geográfica de los grandes bloques continentales y la evolución geológica de éstos han estado gobernadas por esfuerzos verticales de la corteza terrestre, y que los movimientos horizontales de las grandes cadenas montañosas son consecuencia de los primeros. A mediados del siglo pasado, los geólogos W. B. Rogers y H. D. Rogers determinaron que los sistemas montañosos de los Montes Apalaches, en la porción oriental de Estados Unidos, estaban formados por secuencias de sedimentos de varios kilómetros de espesor que se depositaron originalmente en un ambiente marino de aguas someras. James-Hall sugirió en 1859 que esa porción oriental de Estados Unidos se había hundido paulatinamente hasta conformar una fosa y que, posteriormente, por esfuerzos compresionales, los sedimentos contenidos en ella se plegaron y se rompieron, dando lugar a la formación de la Cordillera de los Apalaches (Figura 1).

Esta idea complementaba la de los Rogers, al afirmar que la corteza terrestre se hundía a la misma velocidad con que se depositaban los sedimentos, de tal suerte que el ambiente sedimentario marino siempre fue el mismo durante un tiempo geológico considerable; además, este ambiente de depósito se formó en una franja angosta, paralela al borde continental, en forma de prisma en donde se habían depositado sedimentos similares con un espesor de 15 km. Las franjas angostas de este tipo, elongadas con secuencias gruesas de sedimentos repetitivos, fueron denominadas *geosinclinales* por J. D. Dana en 1873.

El concepto de *geosinclinal* propuesto por Dana causó una verdadera revolución en la comunidad científica de aquella época; tan es así que durante el presente siglo se han presentado diversas variantes, manejadas por los investigadores bajo criterios completamente distintos: tectónicos, petrológicos o estratigráficos. J. Aubouin, en 1965, sintetizó las diferentes concepciones y caracterizaciones sobre el modelado del *geosinclinal* propuestas por M. Stille (1935–1940), M. Kay (1951), W. C. Krumbein y L. L. Sloss (1963) y P. C. Badgley (1965).

P. J. Wyllie, en 1971, clasificó los *geosinclinales* según su secuencia sedimentaria, y las rocas ígneas asociadas, en diversas provincias geográficas: Atlántico, Arco Isländico y Mar de Japón.

La controversia científica fundamental no fue en sí la discusión sobre la presencia o ausencia del prisma sedimentario, emplazado en una cuenca elongada denominada *geosinclinal*, puesto que geomorfológicamente estos rasgos tectono-estratigráficos existen, sino que el conflicto científico se suscitó al

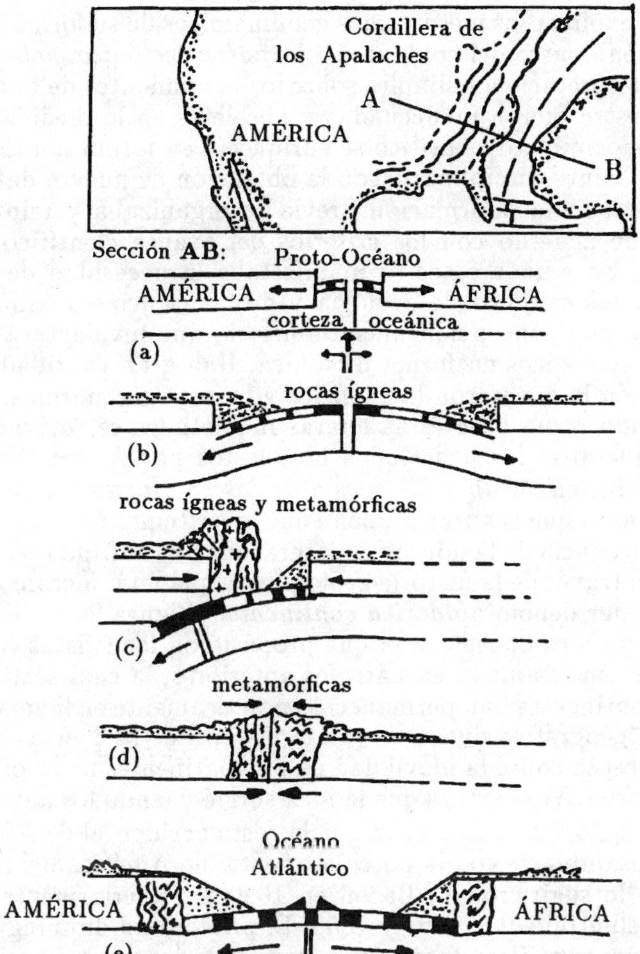

Figura 1. La evolución geológica del Océano Atlántico es el resultado de la separación de los continentes africano y americano, en forma intermitente. Durante el Precámbrico, hace más de 570 millones de años (m. a.), el continente africano se separó del americano (*a*). La separación continuó y dio origen al protoatlántico (*b*). Entre el Carbonífero y el Pérmico (350–286 m. a.), la corteza oceánica fue asimilada por el bloque continental de América y se acercaron los dos continentes (*c*). En el Permo-Triásico (250–225 m. a.), los dos continentes se impactaron y se formó la cordillera de los Apalaches (*d*). Del Jurásico al Reciente (180 m. a. a la actualidad), los dos continentes se separan para dar lugar al actual Océano Atlántico (*e*).

tratar de explicar los mecanismos geodinámicos de su formación y evolución dentro del contexto de la *nueva tectónica global.*

Las interpretaciones simples sobre los movimientos de la corteza terrestre fueron inadecuadas y obsoletas en la medida en que el conocimiento científico se enriquecía en forma multidisciplinaria e interdisciplinaria con la obtención de nuevos datos, o bien cuando la información previa se organizaba y reinterpretaba de acuerdo con los criterios del avance científico de la época. En ambos casos se manifestaba la necesidad de intensificar los estudios de geología y de las ciencias auxiliares dentro de una concepción más ambiciosa, que involucrara los procesos geológicos en forma dinámica. Una gran cantidad de información la generaron la geofísica y la geología marinas.

Tomando como base estas nuevas inquietudes se revivieron y reconsideraron los postulados propuestos por Alfred Wegener en 1915, en su libro *El origen de los continentes y de los océanos*, en el que el autor propone que los sistemas montañosos son consecuencia de la migración lateral que han sufrido los continentes a través de la historia geológica del planeta, mecanismo que Wegener denominó *deriva continental* (Figura 2).

Esta teoría es opuesta a la que propusieron los fijistas o inmovilistas, mencionada en párrafos anteriores, la cual sostiene que los continentes han permanecido prácticamente en la misma situación geográfica durante toda la historia de la Tierra.

El concepto sobre la movilidad de los continentes no es original de Alfred Wegener, ya que la idea surgió cuando los naturalistas del siglo XVII observaron que la costa occidental de África podría ensamblarse con la porción oriental de América del Sur, tal como lo sugirieron F. Bacon en 1620 y posteriormente A. Snider-Pelligrini entre 1857 y 1858. El primero no dio ninguna explicación científica, fuera de la correspondencia geométrica de ambas costas. En cambio el segundo colectó una serie de plantas fósiles en rocas del Paleozoico, en Europa y en la parte oriental de Estados Unidos, para demostrar la correspondencia de los depósitos rocosos. Snider fue uno de los primeros naturalistas que elaboraron un esquema global del ensamble entre los continentes (Figura 3).

Además de la idea de la separación de masas continentales, existía otra, de afinidad inmovilista, que explicaba que la aparente correspondencia litoral de los continentes de África y de América del Sur se debía a que el Océano Atlántico era un

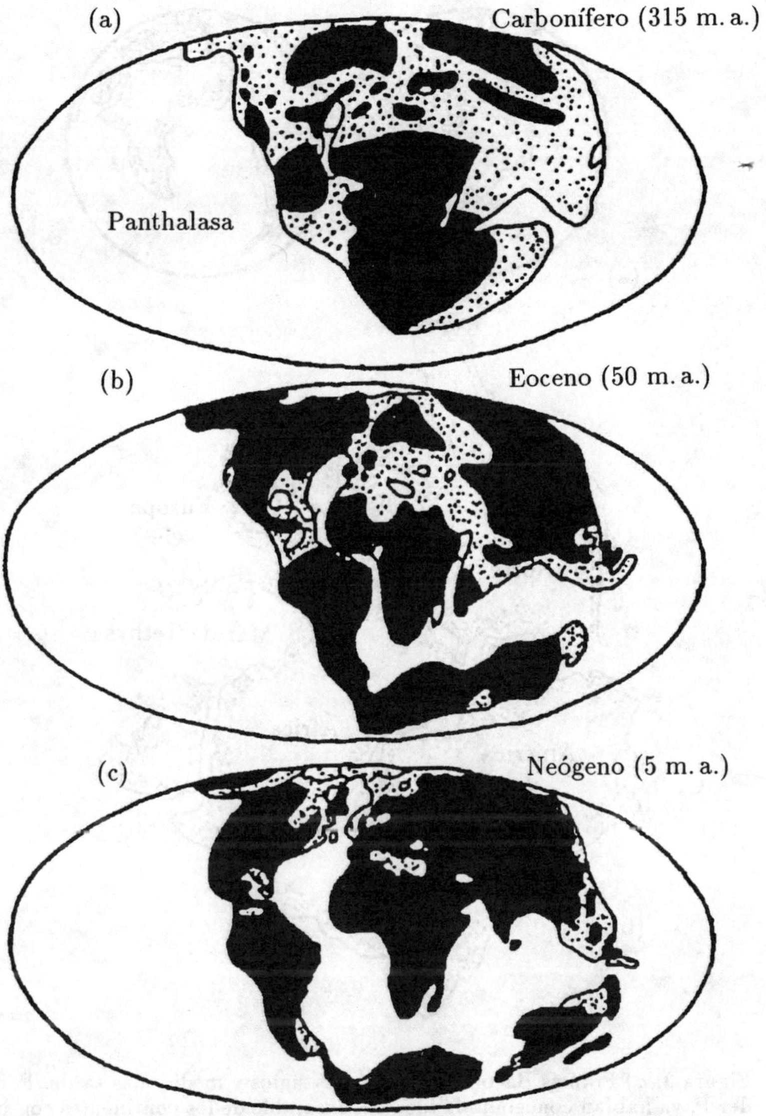

Figura 2. El científico alemán Alfred Wegener, en su obra de 1915 *El origen de los continentes y de los océanos*, concibió la idea de un solo continente circundado por el Mar de Tethys. Las zonas con puntos son corteza continental, inundada por mares someros; las zonas negras son el continente expuesto. Panthalasa era el antiguo Océano Pacífico (m. a. = millones de años).

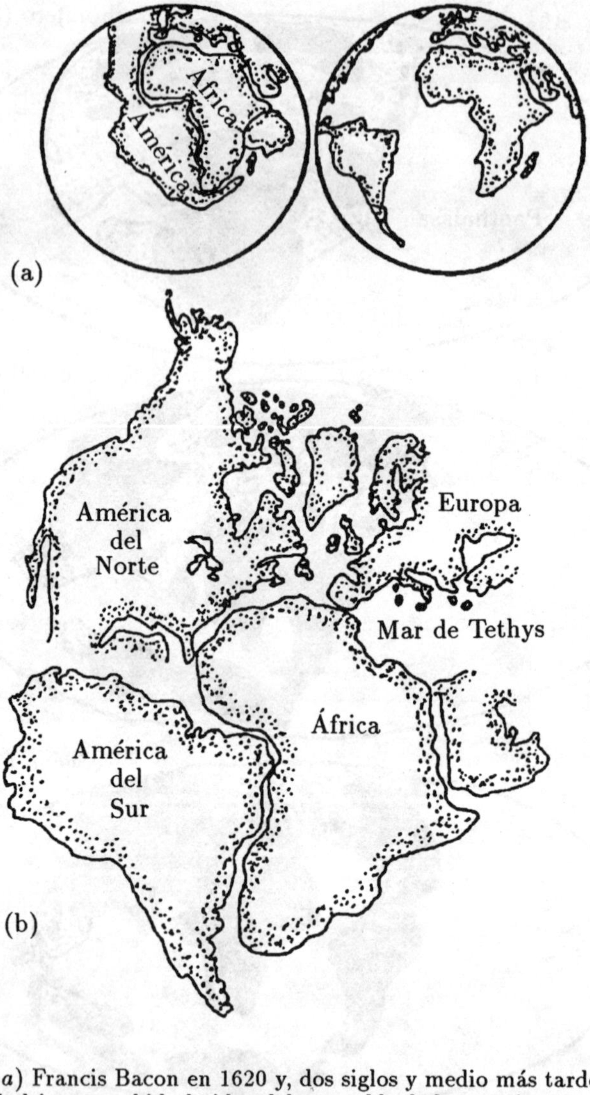

Figura 3. *a*) Francis Bacon en 1620 y, dos siglos y medio más tarde, F. Snider P. ya habían concebido la idea del ensamble de los continentes con base en la configuración de sus bordes y en el contenido de plantas fósiles en las rocas. *b*) En modelos como éste son contemporáneos y no difieren grandemente de aquellos propuestos en siglos pasados. Su diferencia estriba en que ahora toman en consideración factores tales como cadenas montañosas, secuencias estratigráficas, contenido fósil, edades radiométricas y anomalías magnéticas, entre otros.

gran valle fluvial que se inundó durante el Diluvio Universal (F. Placet, 1658). Esta misma idea prevaleció durante dos siglos, y hasta Alexander von Humboldt, brillante científico alemán, la aceptaba.

La movilidad de los continentes también fue considerada factible por George Darwin —hijo del eminente científico inglés Charles Darwin— quien junto con O. Fisher explicaba su teoría invocando el desprendimiento de un fragmento de la Tierra que dio origen a nuestro satélite, la Luna, y generó así la gran depresión del Océano Pacífico.

El conocimiento formal sobre el desplazamiento de las masas continentales con apoyo de datos científicos surgió a principios de este siglo con H. B. Barker, F. B. Taylor y Alfred Wegener. Los dos primeros científicos ensamblaron las masas continentales tomando en cuenta la continuidad de las cadenas montañosas de los continentes: americano, europeo, africano y australiano (Figura 4). Por otro lado, Alfred Wegener, entre 1912 y 1915, colectó muestras de restos fósiles, midió estructuras geológicas e hizo estudios petrográficos y estratigráficos en ambos lados del Océano Atlántico. En ellos comprobó la afinidad y correspondencia de las secuencias rocosas depositadas hace 400 000 000 de años en un supercontinente único de edad paleozoica, al que denominó *Pangea* (Figuras 5 a 7).

De acuerdo con el científico alemán Alfred Wegener, *Pangea* empezó a fracturarse hace unos 200 000 000 de años, los fragmentos resultantes se separaron entre sí debido a las fuerzas generadas por la rotación de la Tierra, migrando algunos segmentos hacia el oeste mientras, a causa de la fuerza de las mareas, otros se desplazaban hacia el oriente. Wegener sostenía que conforme los continentes migraban hacia el oriente (Norte y Sudamérica), su borde frontal encontraba resistencia en su camino, provocándose una compresión y plegamiento que debía ir formando sistemas montañosos en el borde occidental del continente americano.

Esta hipótesis sobre los procesos que causaron la deriva continental propuesta por Wegener no fue aceptada por la comunidad científica de su tiempo, esencialmente por ser insostenible por las leyes físicas. Además de que, geológicamente, las cordilleras montañosas a lo largo del borde occidental del continente americano tienen edades anteriores al rompimiento del megacontinente. No obstante la gran controversia que suscitó

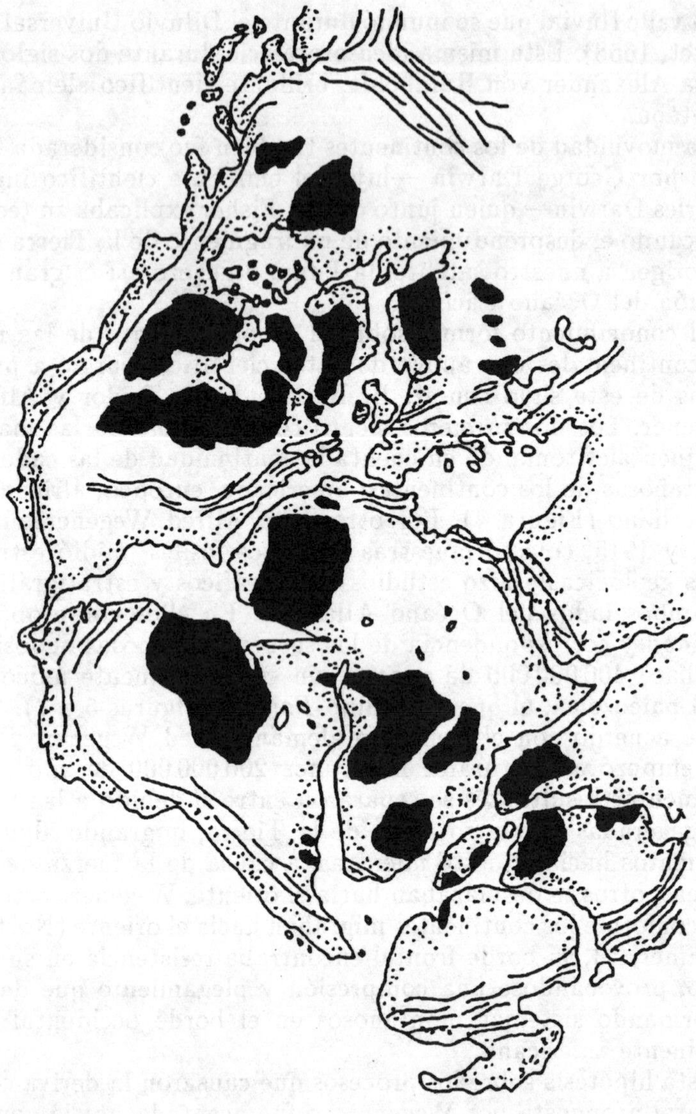

Figura 4. Ensamble de los fragmentos continentales con base en la continuidad de las cadenas montañosas de más de 260 m. a. (alineaciones con líneas discontinuas), y de los escudos del Precámbrico de más de 1 700 m. a. (zonas negras). Edward Bullard, en 1969, reconstruyó el megacontinente tomando en cuenta el traslape y los espacios mínimos de los bordes continentales.

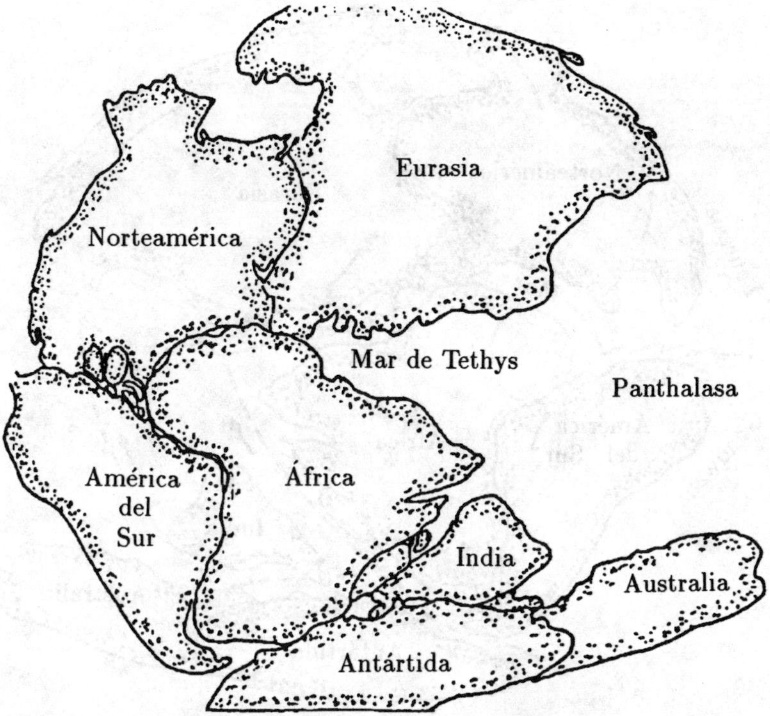

Figura 5. El megacontinente *Pangea* hace 200 m. a.

la hipótesis de A. Wegener, los científicos sí aceptaron la validez de sus observaciones y conclusiones de ambos lados del Atlántico sur.

Más tarde, el geólogo Arthur Holmes, apoyado fervientemente por su contemporáneo, el geofísico F. A. Vening Meinesz, propuso entre 1927 y 1929 que un posible mecanismo dinámico para explicar el gran movimiento de masas continentales podría deberse a corrientes convectivas generadas en las rocas fundidas del manto superior, que es la zona situada en la base de la litosfera. Las corrientes de convección son debidas a la transmisión de calor en las rocas, producida por energía radiactiva de las mismas. Esto es, las zonas térmicamente más activas tienden a proyectarse hacia la superficie de la litosfera, en donde se enfrían y posteriormente vuelven a descender.

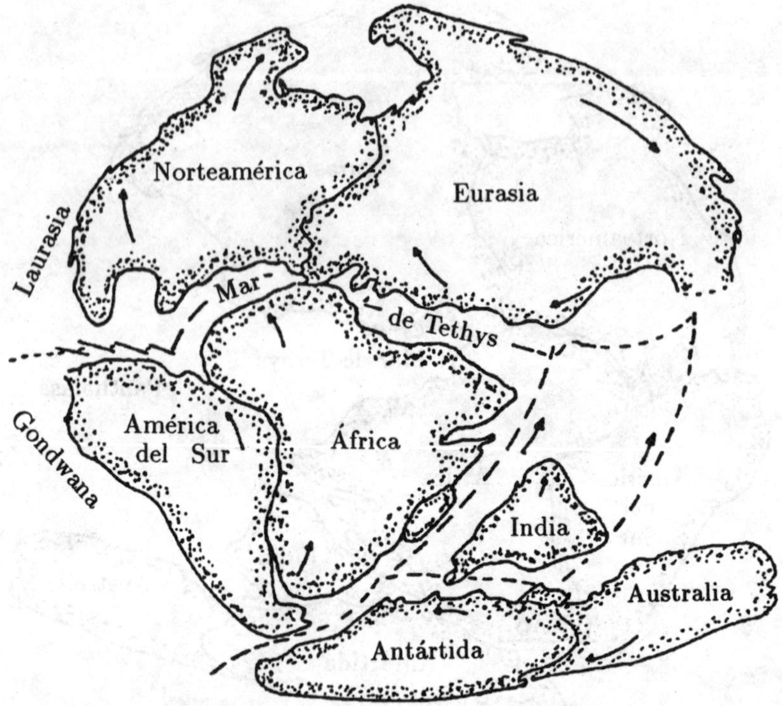

Figura 6. El megacontinente *Pangea* en proceso de deriva durante el Jurásico, hace 180 m. a. El hemisferio norte es denominado *Laurasia* y el sur, *Gondwana*. Ambos hemisferios fueron separados por el Mar de Tethys.

Las corrientes de convección propuestas por A. Holmes se confirman con el descubrimiento de las dorsales oceánicas, en cuyas crestas la emanación de energía es, hoy en día, de magnitud considerable. Éstas se forman debido a fallas y fracturas en separación, generadas por la inyección de la corriente convectiva en la superficie de la litosfera. Las corrientes descienden hacia el manto en las fosas oceánicas, adyacentes al continente, por lo que la idea propuesta por Arthur Holmes como un posible mecanismo geodinámico en el movimiento de las masas de corteza continental fue adquiriendo popularidad y cada vez mayor aceptación en estas últimas décadas.

Con las evidencias geológicas y geofísicas que indican el gran dinamismo que está ocurriendo en la Tierra, se inició la década

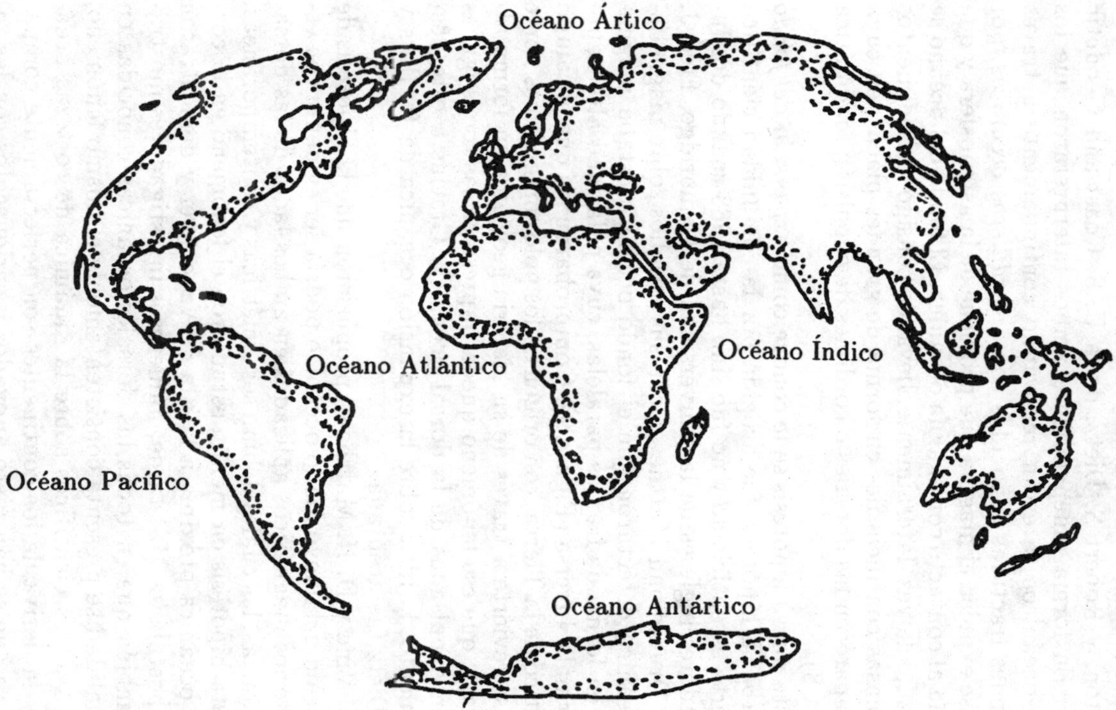

Figura 7. Distribución actual de los continentes y océanos después de 180 m. a. del rompimiento de la *Pangea* y del desplazamiento de los bloques continentales.

de los sesenta. Este periodo es de gran trascendencia científica, puesto que casi simultáneamente dos científicos estadunidenses construían una nueva idea acerca del origen de la movilidad de las masas continentales, Harry H. Hess, de la Universidad de Princeton, y Robert S. Dietz, de la U. S. Coast and Geodetic Survey. En forma independiente ambos interpretaron que los fondos oceánicos se están renovando continuamente a través de grandes fracturas conocidas como *cordilleras oceánicas*, por donde se expulsa el magma que proviene de la astenosfera y que se enfría al contacto con el agua oceánica. El fondo del océano se desplaza, a la vez, lateralmente, llevando consigo los sedimentos y las masas continentales en forma de grandes placas, en cuya unión aparecen las dorsales o cordones de expulsión magmática (Figura 8).

A esta nueva hipótesis se le conoce como *expansión del fondo oceánico*. La hipótesis fue acogida por la comunidad científica con cierto escepticismo y no fue sino hasta 1963 cuando dos investigadores ingleses de la Universidad de Cambridge, Fred J. Vine y Drummond Matthews, con sus estudios sobre magnetismo oceánico detectaron que el fondo oceánico estaba magnetizado en forma de franjas paralelas, cuya polaridad alternante era normal e inversa (Figura 9). Comprobaron así que el campo magnético de la Tierra, con origen en los polos magnéticos norte y sur, se revierte a través de su historia geológica en forma alternada, y que ese fenómeno queda impreso en las rocas ígneas que son expulsadas de la dorsal oceánica. Gracias a este descubrimiento, la idea sobre la expansión oceánica de H. Hess y R. S. Dietz fue aceptada.

F. J. Vine y D. H. Matthews propusieron que la hipótesis de la creación del nuevo fondo oceánico podría ser evidente con estos criterios magnéticos aplicados en ambos lados de las dorsales oceánicas, las cuales debían ser simétricas y contemporáneas. Con esta hipótesis en mente, estudiaron el fenómeno en la cordillera oceánica próxima a la isla de Vancouver y demostraron así su postulado. Más tarde, numerosos investigadores mostraron también que en todas las dorsales oceánicas conocidas en la actualidad se presenta consistentemente el mismo fenómeno.

Los avances científicos sobre la dinámica de cortezas oceánicas y la deriva de los continentes son perfectamente compatibles, ya que se han visto apoyados y enriquecidos con los resultados de las expediciones del buque oceanográfico *Glomar*

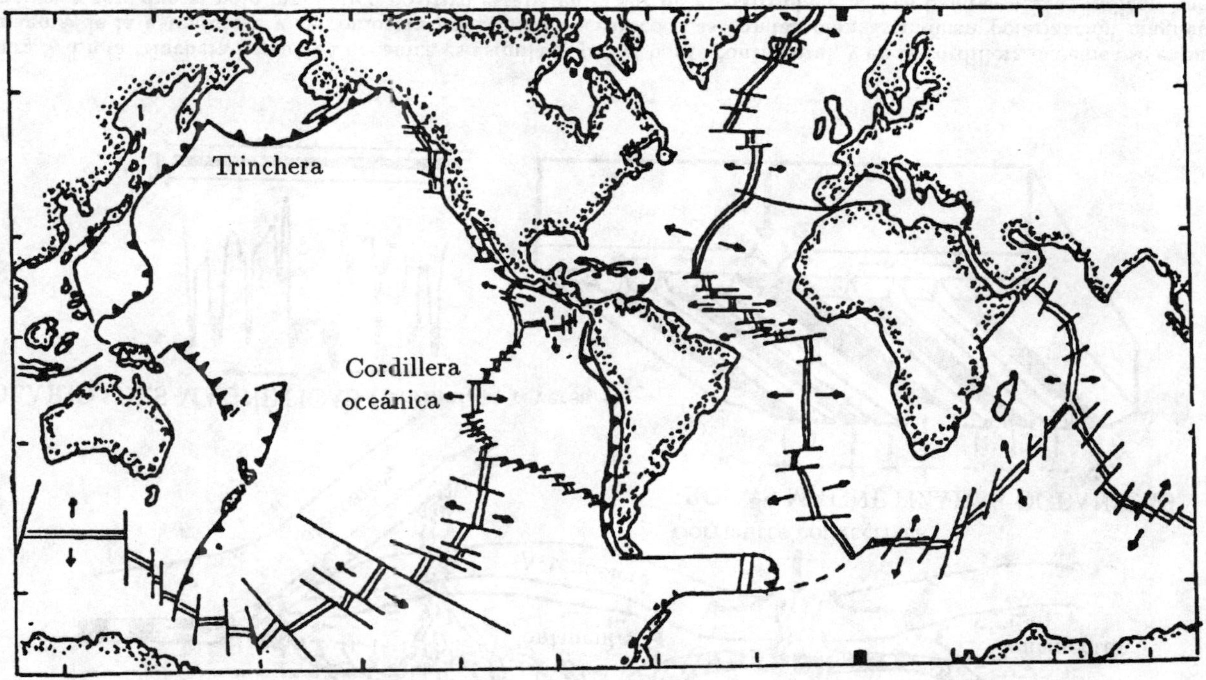

Figura 8. Los límites de las placas tectónicas son tanto las cordilleras oceánicas que están en expansión, como las trincheras que son zonas de asimilación del fondo oceánico.

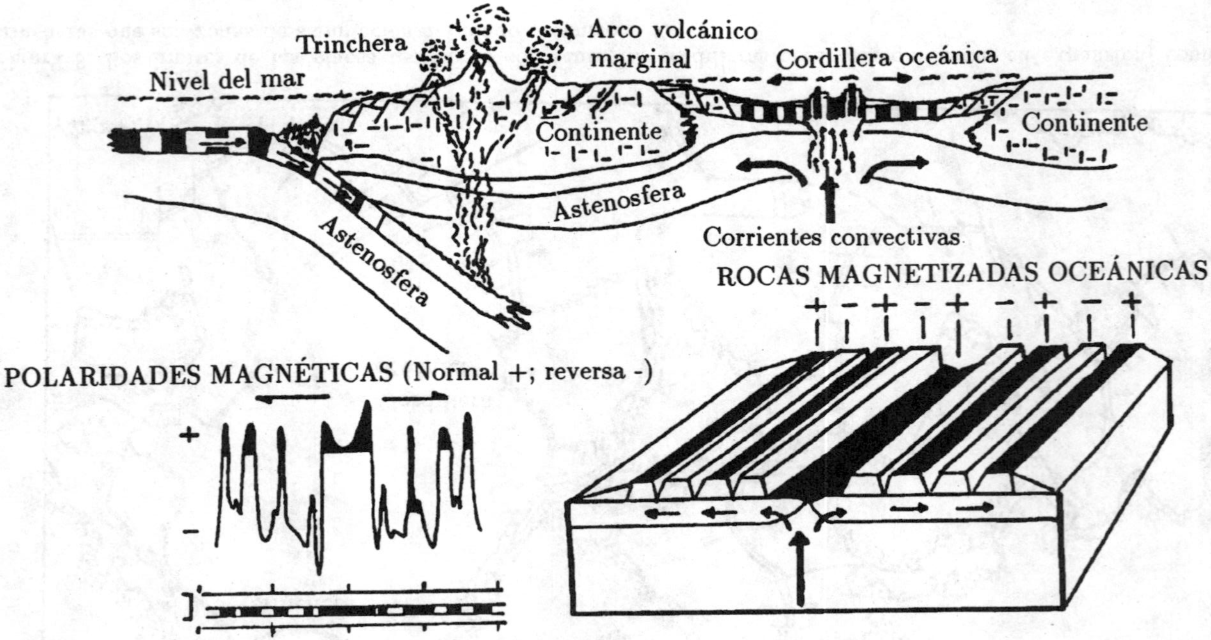

Figura 9. En la trinchera la corteza oceánica es asimilada por el borde continental, y en la cordillera oceánica se expulsa el magma de la astenosfera y se conforma así el fondo oceánico. Las bandas blancas indican polarización magnética negativa, o sea, que el polo magnético positivo estaba en el sur de nuestro planeta. Las bandas negras indican que el polo magnético negativo estaba en el norte, como sucede en la actualidad.

Challenger, que exploró los fondos oceánicos de todo el planeta: Atlántico, Pacífico, Índico, Golfo de México, mar Caribe, mar Mediterráneo, las aguas del Ártico y del Antártico, y otras más mediante la perforación y muestreo. A partir del mes de agosto de 1968, fecha histórica para la ciencia oceanográfica y geodinámica mundial, se revolucionaron continuamente los conceptos sobre la inmovilidad continental o fijista que se tenían de la Tierra. Esta revolución culminó en 1982, año en que dejó de operar el barco.

Los objetivos científicos que, a lo largo de 14 años, se cumplieron con el *Glomar Challenger* fueron innumerables y ambiciosos, por lo que solamente mencionaremos algunos de ellos:

1) Determinaciones de la edad y evolución de las cuencas oceánicas.

2) Confirmación de la hipótesis propuesta en 1959–1960, por H. H. Hess y R. S. Dietz, sobre la expansión del fondo oceánico.

3) Exploración de los grandes sistemas morfoestructurales del relieve oceánico.

4) Estudio de la composición de la corteza oceánica, cerca y fuera de los márgenes continentales.

5) Exploración de la historia sedimentaria en condiciones dinámicas diferentes.

6) Estudio de la evolución climática del planeta, con el análisis de la microflora y fauna marinas antiguas y preservadas en las secuencias sedimentarias, y otros estudios de investigación no menos relevantes sobre la presencia de los recursos minerales y energéticos de los fondos oceánicos.

El avance científico que se logró con el buque oceanográfico *Glomar Challenger*, fue casi simultáneo al desarrollo tecnológico y la experiencia que adquirieron los participantes sobre técnicas de perforación, colecta de sedimentos y rocas, navegación y posicionamiento marino, entre otras actividades oceanológicas. La información que se recabó durante este periodo histórico de exploración oceánica es vasta y variada; pasarán muchos años para que deje de ser una fuente inagotable de conocimientos, dado el gran acervo de muestras y datos que aún están en proceso de investigación.

III. Tectónica actual de México

La geología de la República Mexicana es el resultado de múltiples procesos tectónicos que la han afectado durante toda su evolución; para explicarlos se ha requerido de la paciencia y los conocimientos geológicos de los estudiosos de las ciencias de la Tierra.

La configuración geográfica actual de México es, asimismo, consecuencia de la interacción del bloque continental con las provincias oceánicas que lo circundan. Es decir, en la región del Pacífico, la Península de Baja California se está separando del resto del continente con un movimiento hacia el noroeste; en el Pacífico sur de México, desde Cabo Corrientes en el estado de Jalisco hacia Centroamérica, la placa oceánica de Cocos es asimilada por el continente; tal subducción ocurre a lo largo de una fosa oceánica a la que se conoce como *Trinchera de Acapulco* o *Mesoamericana.*

Por otro lado, en las provincias geológicas del Golfo de México y del Caribe, se tienen esfuerzos tectónicos de separación cortical, identificados también como de tensión o distensivos, que están actuando en los márgenes continentales; éstos, a su vez, avanzan sobre los fondos más profundos de las cuencas oceánicas, como consecuencia del desplazamiento de la placa tectónica continental de Norteamérica hacia el poniente, y de la del Caribe hacia el oriente (Figuras 10 y 11).

Los procesos geodinámicos que son aún más complejos se pueden describir con relativa facilidad de una forma general. En términos globales, su influencia es muy importante por la contribución al conocimiento universal sobre el origen y evolución de nuestro planeta. A su vez, este entendimiento es básico en la prospección de recursos minerales, hidrotermales y petrolíferos que se generan y acumulan en el interior de la corteza de la Tierra, como consecuencia de su evolución geotectónica.

En otro aspecto, la identificación de las provincias geológicas y su caracterización son fundamentales cuando se planifican nuevos centros de población, ya que para fundarlos es necesaria la disponibilidad de recursos como el agua y la ubicación de los sectores de alto riesgo sísmico que afectan drásticamente a las

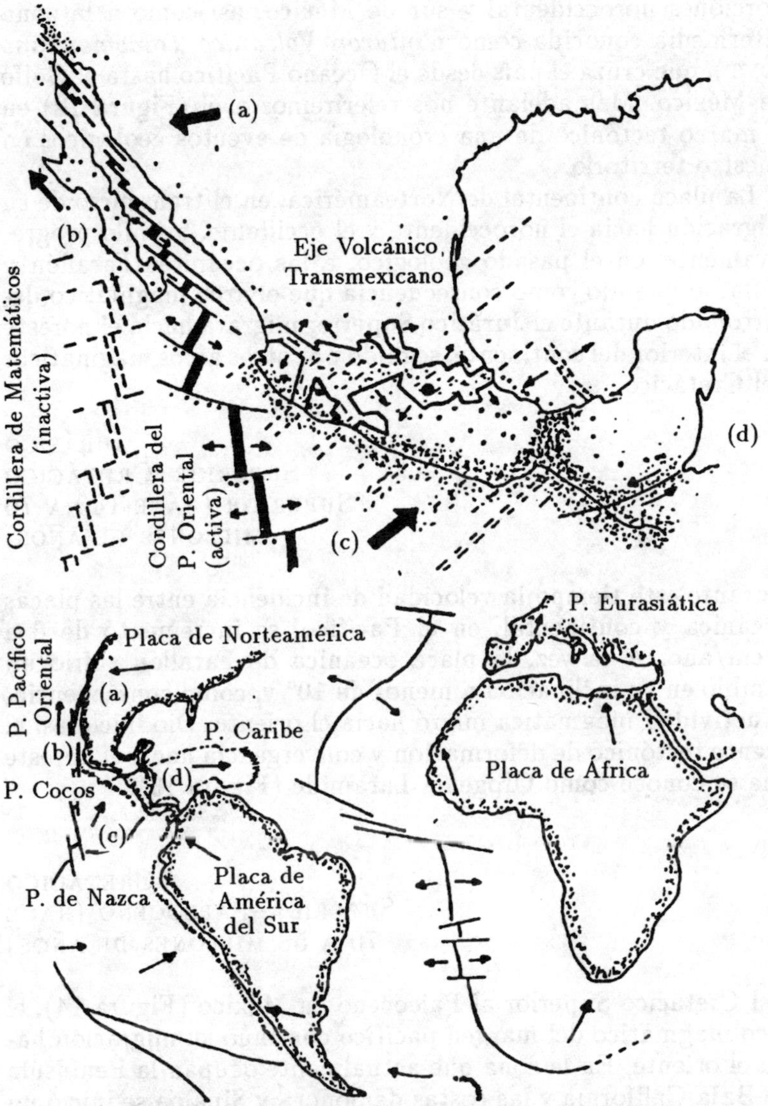

Figuras 10 y 11. La configuración actual de México se debe al movimiento simultáneo de las cuatro placas tectónicas: *a*) la de Norteamérica, con desplazamiento hacia el suroccidente; *b*) la del Pacífico oriental, hacia el noroeste; *c*) la de Cocos, hacia el noreste, y *d*) la del Caribe, hacia el oriente franco.

porciones noroccidental y sur de México, así como a la zona intermedia conocida como *Cinturón Volcánico Transmexicano* (CVT), que cruza el país desde el Océano Pacífico hasta el Golfo de México. Más adelante nos referiremos a él (Figura 12) en el marco tectónico de una cronología de eventos geológicos en nuestro territorio.

La placa continental de Norteamérica, en el transcurso de su migración hacia el noroccidente y el occidente, asimiló progresivamente, en el pasado geológico, a las oceánicas Farallón y Kula, lo que dio como consecuencia que el arco magmático desarrollado durante el Jurásico Superior migrara hacia el noreste en el interior del continente, seguido por otros arcos magmáticos del Cretácico.

JURÁSICO SUPERIOR–CRETÁCICO SUPERIOR (HACE 140 A 70 MILLONES DE AÑOS)

Durante este tiempo la velocidad de incidencia entre las placas oceánica y continental, en el Pacífico, se incrementó de 6 a 7 cm/año. A la vez, la placa oceánica de Farallón sufrió un cambio en su inclinación a menos de 10° y, como consecuencia, la actividad magmática migró hacia el oriente. Dio inicio así el evento tectónico de deformación y convergencia hacia el noreste que se conoce como Orogenia Laramide (Figura 13).

CRETÁCICO SUPERIOR–PALEOCENO (HACE 70 A 58 MILLONES DE AÑOS)

Del Cretácico Superior al Paleoceno en México (Figura 14), el arco magmático del margen pacífico continuó su migración hacia el oriente. En la zona que actualmente ocupan la Península de Baja California y las costas de Sonora y Sinaloa se inició un periodo de quietud volcánica que perduró hasta el Eoceno Superior. Al mismo tiempo, desde Cabo Corrientes, en el estado de Jalisco, hasta el actual Golfo de Tehuantepec en Oaxaca y Chiapas, una porción del margen continental sur comenzó a desplazarse hacia el sureste en forma intermitente, a lo largo del

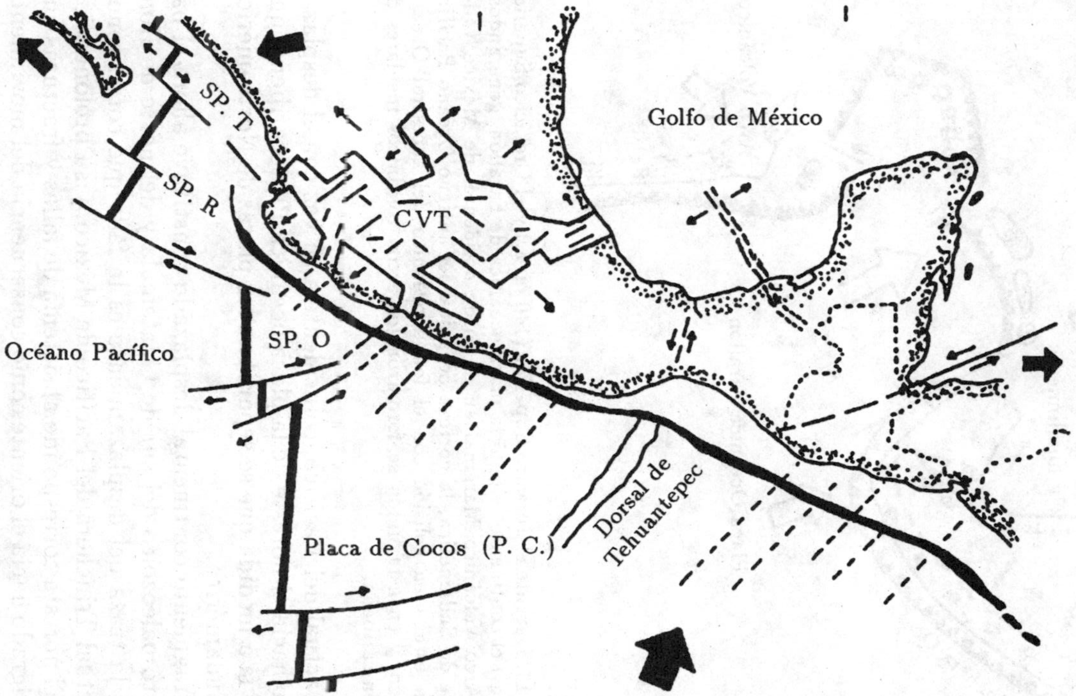

Figura 12. El Cinturón Volcánico Transmexicano (CVT) es un sistema de fisuras corticales por donde son expulsadas a la superficie las rocas volcánicas provenientes de la fusión de la corteza oceánica de la Placa de Cocos.

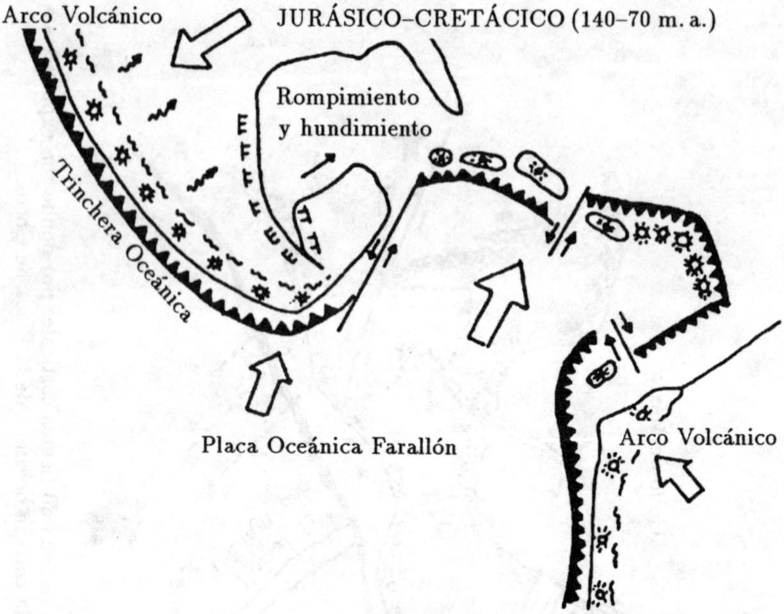

Figura 13. Durante el Jurásico Superior (140 m. a.) y el Cretácico Superior (70 m. a.) el continente asimiló la placa oceánica de Farallón, generándose así el Arco Volcánico Marginal en el borde occidental de México y del noroeste de Sudamérica; la corteza oceánica del antiguo Océano Pacífico también estaba en colisión con el fondo oceánico del ancestral Océano Atlántico, y en esta unión se formaron los arcos volcánicos insulares de la región caribeña.

borde actual del Pacífico, coincidente a su vez con el desplazamiento hacia el noreste de la placa oceánica Protocaribeña, que se movía a medida que se separaban las placas de Norteamérica y de Sudamérica.

El fragmento continental desplazado constituye ahora el basamento paleozoico del sur de Guatemala y del norte de Honduras; la traza del desplazamiento es la falla que corresponde a la actual Trinchera del Pacífico de México, y su prolongación hacia el noreste corresponde al sistema de fallas y fracturas que han migrado hacia el oriente como consecuencia del movimiento de la Placa Protocaribeña en esa misma dirección.

Ese fragmento continental del sur de México desplazado hacia la actual América Central es motivo de controversia. Mien-

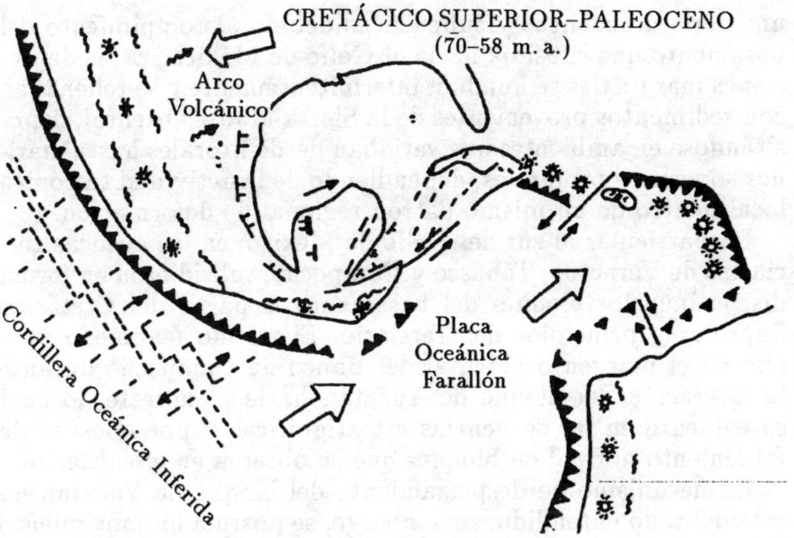

Figura 14. Durante el Cretácico Superior (70 m. a.) y el Paleoceno (58 m. a.) la placa continental estaba próxima a asimilar una cordillera oceánica, y el arco volcánico marginal migraba hacia el interior del continente en México. En la porción sur del país se iniciaba un rompimiento y su desplazamiento hacia el noreste.

tras algunos geólogos aceptan esta hipótesis, otros opinan que el truncamiento continental del sur de México es producto de un proceso de asimilación del fondo oceánico por el continente, que habría ocurrido durante el impacto tectónico entre la placa oceánica con la continental y posterior a una reorganización. Otra opinión que intenta conciliar las dos anteriores, es aquella que postula la ruptura del margen continental, el cual se transportó lateralmente a lo largo de la falla de transcurrencia durante la subducción o asimilación de la placa oceánica en forma oblicua al continente. Esto debió ocurrir antes del Mioceno, ya que, con base en estudios geofísicos, en la Trinchera del Pacífico, en las cercanías del puerto de Acapulco, no se encontraron evidencias de que los sedimentos del Mioceno al Reciente estuvieran sujetos a procesos de deformación por esfuerzos de compresión.

Por otro lado, en el margen continental de la provincia del Golfo de México, la Sierra Madre Oriental siguió emergiendo por plegamiento y fallamiento, y al pie de la misma se formaban una serie de cuencas y subcuencas debido al rompimiento del basamento que subsidía hacia el Golfo de México. Estas depresiones marginales se hundían intermitentemente y se rellenaban con sedimentos provenientes de la Sierra Madre Oriental, depositándose en ambientes que variaban desde litorales hasta marinos someros y profundos, dependiendo de la actividad tectónica local dentro de un mismo patrón regional de deformación.

En particular al sur del Golfo de México, en las cuencas terciarias de Veracruz, Tabasco y Campeche, subsidieron en forma discontinua los bloques del basamento, a partir del Cretácico Superior y principios del Terciario. El mismo fenómeno ocurrió en el margen occidental del Banco de Campeche durante la migración del bloque de Yucatán hacia el noreste, lo cual es evidente en las secuencias estratigráficas y por el estilo de fallamiento normal en bloques que se observa en el subsuelo.

El mecanismo de desplazamiento del bloque de Yucatán no está del todo entendido; sin embargo, se postula un movimiento del bloque yucateco hacia el norte para explicar los procesos distensivos que dieron lugar a la formación de las cuencas marginales del Terciario y a la formación y evolución del cañón de Campeche.

Por otro lado, geológicamente se propone un modelo tectónico para la subplaca chiapaneca, que explica el plegamiento de la Sierra Madre de Chiapas como un desplazamiento de la Plataforma de Yucatán del noreste al sureste, durante el Mioceno Medio, a lo largo del sistema de fallas Motagua–Polochic. Este desplazamiento tuvo la particularidad, hasta ahora conocida, de que el movimiento tectónico de la plataforma de Yucatán se manifestó en la porción sur del Golfo de México a partir del Cretácico Superior y principios del Terciario, dando lugar al rompimiento del basamento en bloques y a la subsidencia diferencial de los mismos. Estos movimientos se intensificaron durante el Mioceno.

El desplazamiento hacia el oriente de la Placa del Protocaribe produjo el movimiento distensivo del borde oriental del bloque yucateco, lo que dio origen a la formación de la cuenca de Yucatán y a la Trinchera del Caimán en el mar Caribe. Por otro lado, la trinchera oceánica de la porción occidental de la isla de Cuba se desactivó, provocando que esta isla se separara del bloque Honduras–Nicaragua y que, tras su migración, dejara fallas y fracturas inactivas (Figura 14). Simultáneamente

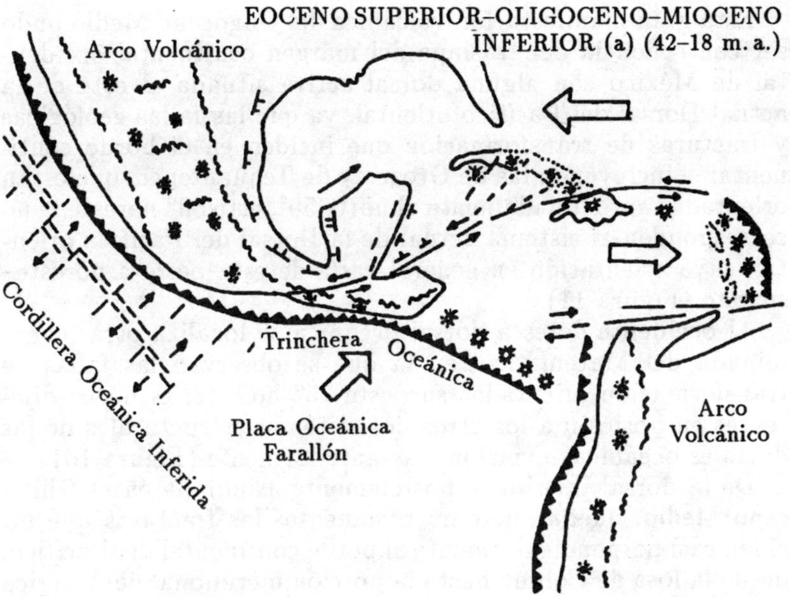

Figura 15. Desde el Eoceno Superior (42 m. a.) hasta el Mioceno Inferior (18 m. a.), el arco magmático marginal continental de México iniciaba su retroceso hacia el Pacífico. La porción sur del continente se siguió desplazando hacia el noreste y la Península de Yucatán giraba en el sentido del movimiento de las manecillas del reloj.

a estos movimientos también disminuyó el dinamismo de la Placa de América del Sur hacia el noroeste, por lo que la subducción de la Placa del Caribe en la Trinchera de Venezuela comenzó a desactivarse.

Eoceno Superior–Oligoceno–Mioceno Inferior (hace 42 a 18 millones de años)

En el Eoceno Superior, el arco magmático tuvo su máximo avance hacia el interior de México; desde el Oligoceno Inferior al Mioceno Inferior la actividad volcánica retrogradó hacia las costas del Pacífico, y tuvo su máxima manifestación durante el Oligoceno Medio (Figura 15). Al evento magmático se le conoce como *Orogenia del Terciario Medio.*

Esta gran manifestación volcánica del Oligoceno Medio pudo ser consecuencia del traslape del margen continental occidental de México con alguna dorsal activa situada al este de la actual Dorsal del Pacífico oriental, ya que las fallas geológicas y fracturas de transformación que inciden en el borde continental —incluyendo las de Orozco y de Tehuantepec, que están orientadas aproximadamente al norte 50°, este 50° noreste— no corresponden al sistema actual de la Dorsal del Pacífico oriental, cuya orientación en general varía de este–oeste a noreste–sureste (Figura 11).

Al occidente de esta dorsal oceánica se localiza otra, denominada del Matemático, en la que se observan las fallas de transformación orientadas suroeste 75° noreste; es decir, diferentes en posición a los otros dos sistemas estructurales de las dorsales oceánicas mencionadas anteriormente (Figura 10).

De la dorsal inferida y posiblemente asimilada en el Oligoceno Medio, quedaron como remanentes las fracturas que inciden casi perpendicularmente al borde continental del Pacífico, desde la fosa de Colima hasta la porción meridional de América del Sur, en el margen continental de Chile (Figura 16).

Hacia el Pacífico sur de México y en el Caribe, durante el Eoceno y el Oligoceno Inferior, el bloque Honduras–Nicaragua se siguió desplazando hacia el noreste, a lo largo de las trazas de las fallas del Sistema Motagua–Polochic. Por otro lado, la fosa o trinchera oceánica del Océano Pacífico en México se prolongó hacia el sureste y, a la vez, se extendió el arco magmático insular de Centroamérica.

En las costas de Venezuela, como ya se mencionó, se desactivó totalmente la trinchera oceánica y se formó la falla geológica de transcurrencia denominada *Oca*, para determinar el límite sur de la Placa del Caribe.

Hacia el norte, las trincheras de Cuba y de Puerto Rico se reactivaron y las fallas de Bartlett y de Puerto Rico conformaron, en conjunto, el límite norte de la Placa del Caribe durante el desplazamiento de ésta hacia el oriente, formándose las Antillas Menores.

En la provincia del Golfo de México, las cuencas terciarias siguieron evolucionando con subsidencias continuas durante el Oligoceno y el Mioceno Inferior. Hacia la provincia de la actual América Central no se manifestó ninguna actividad magmática durante este tiempo, debido al cambio en la dirección de la

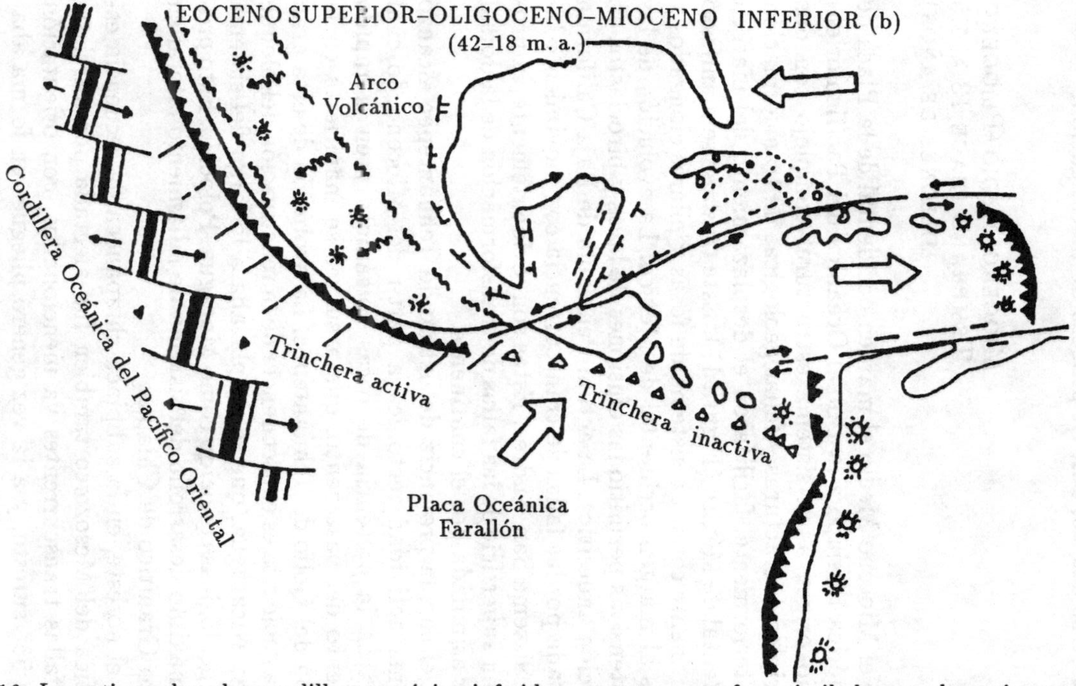

Figura 16. La antigua dorsal o cordillera oceánica inferida aparentemente fue asimilada por el continente durante el Oligoceno Medio (30 m. a.), y quedan como testigos las fracturas que inciden en el borde continental del Pacífico. El arco volcánico siguió en retroceso desde el interior del continente hacia el occidente, y la Dorsal o Cordillera del Pacífico oriental estaba próxima al continente.

Placa del Caribe, o bien a la disminución del ángulo de subducción de la placa oceánica al ser asimilada la dorsal inferida en el noroeste de México durante el Oligoceno Medio, o quizá debido a otras causas, aún en proceso de investigación.

MIOCENO MEDIO–PLIOCENO TEMPRANO (HACE 13 A 4.5 MILLONES DE AÑOS)

Durante el Mioceno Medio el margen occidental de la Placa de Norteamérica traslapó a la Dorsal Oceánica del Pacífico oriental, y dio origen a un sistema estructural complejo con dos juntas triples de fracturas y fallas geológicas de transformación que, posteriormente, facilitaron el desplazamiento del margen noroccidental de México (Figura 17). Este traslape se manifestó en el continente como un sistema de fosas y pilares elongados y paralelos al margen occidental de México. La evolución de las fosas distensivas permitió las efusiones de lavas y piroclastos de composición andesítica. La actual Península de Baja California fue afectada por las fallas de transcurrencia con movimiento lateral del Sistema San Andrés. Éstas son, evidentemente, la proyección en superficie de las fallas de transformación de la dorsal oceánica asimilada por el continente.

Hacia el sur, la provincia del Istmo de Tehuantepec alcanzó su máxima actividad tectónica a partir del Mioceno, lo cual se refleja en la presencia de rocas volcánicas y en el rápido hundimiento del basamento, que a su vez se manifiesta en la formación del Golfo de Tehuantepec. La evolución de esta gran provincia geológica es consecuencia de la reactivación del bloque Honduras–Nicaragua, que se desplazaba a lo largo del sistema de fallas geológicas conocido como Motagua–Polochic. Esto provocó el máximo desarrollo del sistema de fallamiento lateral en el Macizo Granítico de Chiapas.

Hacia el noreste, en la subplaca chiapaneca, la secuencia estratigráfica del Mesozoico también fue afectada por los sistemas de fallas transcurrentes ya mencionados, con orientación noroeste 55° sureste, y a la vez generó pliegues en forma abanicada.

En Guatemala, Burkart (1978) también detectó e interpretó la deformación de la columna estratigráfica en términos de la

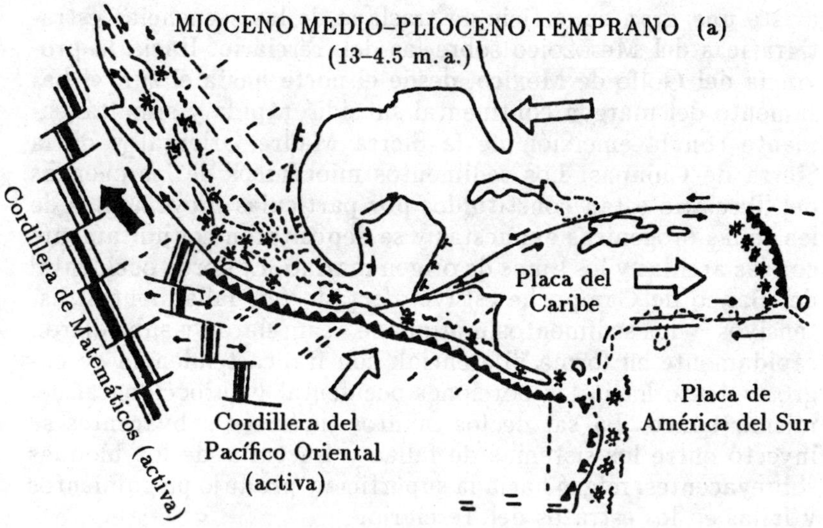

Figura 17. Durante el Mioceno Medio (13 m. a.) al Plioceno temprano (4.5 m. a.) el borde noroccidental de México traslapó a la Dorsal o Cordillera del Pacífico oriental, asimilando a la vez a la trinchera oceánica en esa porción. Hacia el sur, la trinchera siguió activa, lo que se manifestó por el Arco Volcánico Marginal.

actividad del Sistema Motagua–Polochic, y para ello utilizó imágenes del satélite LANDSAT. El autor explica que desde el Mioceno Medio hasta el Plioceno el movimiento lateral entre los bloques fue de 130 kilómetros. Simultáneamente a la actividad del sistema mencionado, también actuaban esfuerzos compresivos generados por el desplazamiento de la Placa de Cocos hacia el noreste. Éstos provocaron la ruptura del Macizo Granítico de Chiapas con sistemas de fractura orientados en esa dirección, y la formación de los bloques del basamento limitados por escarpes de fallas que definen al límite occidental del Golfo de Tehuantepec.

El frente norte del Macizo Granítico plegó y falló a las secuencias estratigráficas del Mesozoico y, a su vez, el borde sur del macizo fue cabalgado por la secuencia alóctona sedimentaria ya metamorfizada del Cretácico Medio y Superior.

La actividad tectónica miocénica en México, en América Central y el Caribe fue muy importante, particularmente durante el Mioceno Medio. En la zona centromeridional de México existe una gran superficie de traslape de las secuencias estratigráficas del Mesozoico sobre las del Terciario. Hacia la provincia del Golfo de México, desde el norte hasta el sur, el basamento del margen continental subsidió rápida y simultáneamente con la emersión de la Sierra Madre Oriental y de la Sierra de Chiapas. Los sedimentos miocénicos de las cuencas del Terciario están constituidos por partículas provenientes de las zonas orogénicas expuestas y se depositaron conjuntamente con las arcillas y los limos de origen marino. El borde occidental del Banco de Campeche estuvo afectado por fallamientos distensivos, y los sedimentos marinos se acumularon y subsidieron rápidamente en forma diferencial, con franca tendencia de engrosamiento hacia las porciones occidental y suroccidental del mismo banco. La sal de los mantos jurásicos subyacentes se inyectó entre los sistemas de fallas y fracturas de los bloques sobreyacentes, migró hacia la superficie y produjo plegamientos y fallas en los estratos del Terciario.

La rápida subsidencia secuencial del basamento durante el Mioceno Medio, tanto en las costas de Veracruz, Tabasco y Campeche, como en la parte suroccidental del Banco de Campeche y en la parte occidental de la Península de Yucatán, induce a interpretar un desplazamiento rápido de esta última provincia geológica. Esta secuencia de pulsaciones tectónicas es a la vez coincidente con la reactivación del sur del Sistema Motagua–Polochic, la cual fue consecuencia del desplazamiento de la Placa del Caribe hacia el oriente franco. Por tal motivo, quedó bien definido el desplazamiento a lo largo de la Falla Oca en el margen continental de Venezuela. Es decir, el movimiento de la Placa del Caribe hacia el oriente reactivó la Falla Motagua–Polochic, lo que provocó a su vez que el bloque Maya (Banco de Campeche–Yucatán) girara en el sentido del movimiento de las manecillas del reloj. De este modo se generaron los sistemas de fallas de transcurrencia que deformaron las rocas del Mesozoico y del Terciario Inferior, y que edificaron la Sierra de Chiapas.

La interpretación que se ha hecho sobre la rotación del bloque de la Península de Yucatán y Campeche también se apoya en los datos paleomagnéticos de las rocas volcánicas en la región de Siguatepeque, en Honduras. Para ello se determinó un ángulo de rotación de 30° entre los bloques norte y sur del Sistema Motagua–Polochic, lo cual ocurrió desde el Terciario Medio.

La zona de ruptura y de separación con la porción sur del Golfo de México, o sea en la Bahía y Sonda de Campeche (Figura 13), también se manifiesta en el continente por el cauce del río Usumacinta, que separa a la provincia fisiográfica plana del Petén, en contraste con las montañas Maya en Guatemala y su continuación hacia el norte, que corresponde al frente de la Sierra de Chiapas en México.

Por ello, el río Usumacinta desemboca en la llanura costera del Golfo de México, conservando la misma dirección, es decir, hacia el noroeste. En su desembocadura en el Golfo de México, existe una fosa delimitada por los ríos San Pedro–San Pablo y Grijalva en Punta Buey, y San Pedro en Nuevo Campechito. La fosa continúa hacia la plataforma continental con el mismo rumbo (noroeste) hasta la isóbata de 2 600 m b.n.m., en la provincia del Cinturón de Domos Salinos, entre los cañones de Veracruz y de Campeche (Figura 20).

Por otro lado, durante el Mioceno Medio en América Central continuó el vulcanismo, el arco magmático casi se unió con América del Sur, y la subplaca del Pacífico que conformaba a la Protocaribeña se separó de la oceánica de Farallón. Esta nueva Placa del Caribe se movió independientemente de la de Farallón, que se desplazaba hacia el noreste, y la del Caribe, en tránsito hacia el oriente franco.

Al borde de la Placa de América del Sur, en su parte noroccidental, la trinchera oceánica empezó a desactivarse, y la de Galápagos entró en actividad aparentemente desde el Oligoceno Superior (Figura 18). Esta fractura estaba inicialmente orientada este–noreste, pero adquirió su orientación franca este–oeste con el cambio en el movimiento de la Placa del Caribe hacia el oriente durante el Mioceno tardío y el Plioceno temprano. Así se definieron los límites de las placas oceánicas de Cocos y de Nazca, presentes hasta la actualidad.

En el noroeste de México, durante el Mioceno tardío y el Plioceno temprano, el extremo suroriental de la actual Península de Baja California se empezó a separar del resto del continente, y las aguas del Océano Pacífico penetraron por esta abertura, conformándose el protogolfo de California (Figura 18).

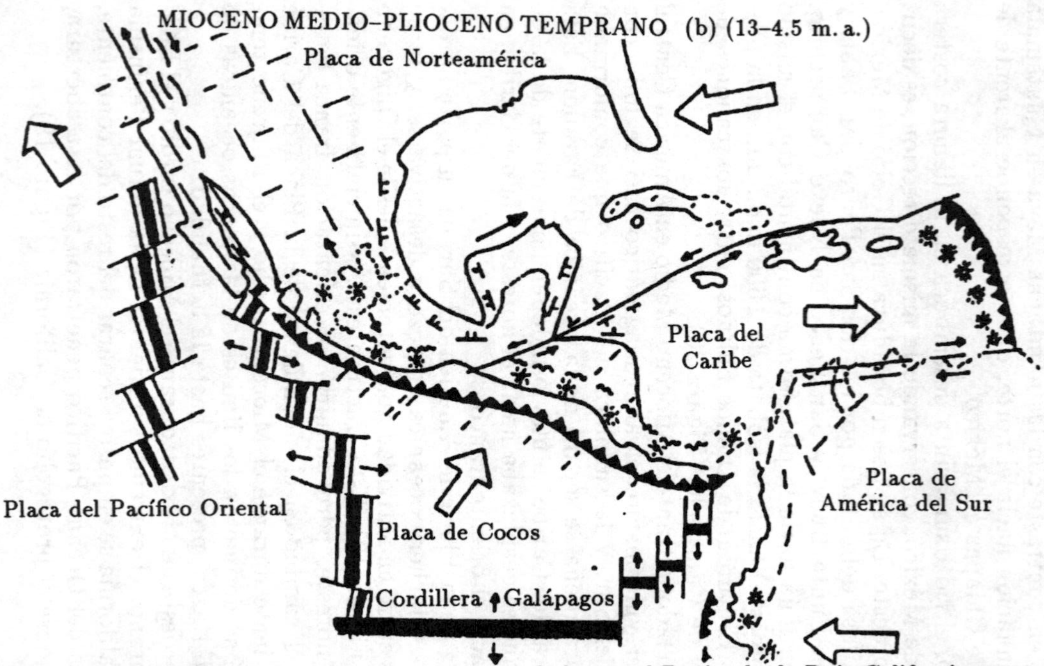

Figura 18. En una etapa tectónica posterior, la porción sur de la actual Península de Baja California se separó del resto del continente y las aguas oceánicas del Pacífico inundaron esa porción. La parte meridional del país se levantaba y se fracturaba, facilitándose así la formación de la Cadena Volcánica Transversal, desde el Océano Pacífico hasta el Golfo de México. En el Pacífico se formó otra cordillera o dorsal conocida como Galápagos, que se unió con la del Pacífico oriental y dio límites a la Placa de Cocos.

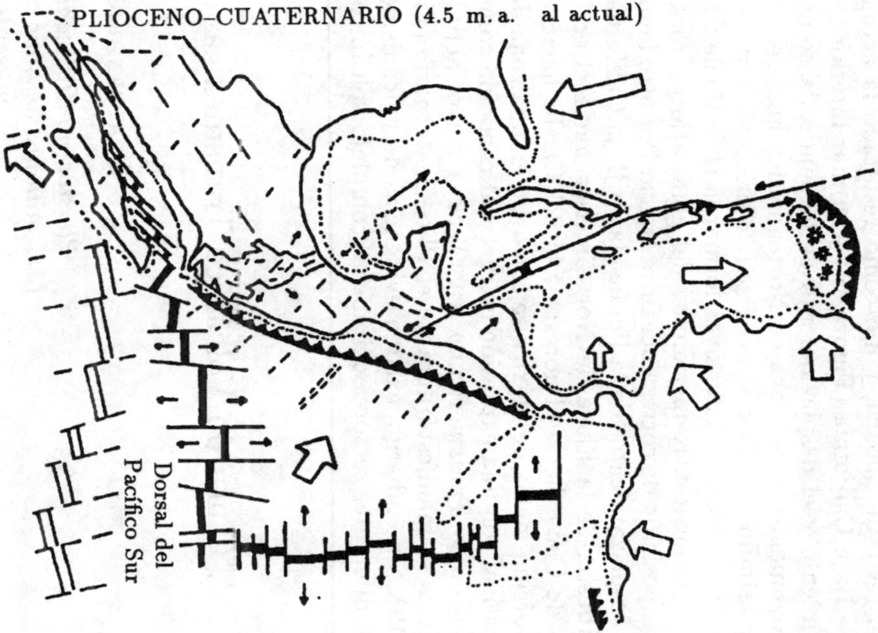

Figura 19. Durante el Plioceno y el Cuaternario la actual configuración de México siguió gobernada por los desplazamientos continuos del continente y de las placas oceánicas. La Península de Baja California se mueve hacia el noroccidente, gobernada por las fallas del Sistema San Andrés; los márgenes meridional y sur del continente, en el Pacífico, asimilan la corteza oceánica de la Placa de Cocos. La Península de Yucatán se desplaza en sentido de las manecillas del reloj y el Cinturón Volcánico Transmexicano, sigue en actividad desde el Pacífico hasta el Golfo de México.

Plioceno–Cuaternario (hace 4.5 millones de años a la época actual)

A partir del Plioceno (4.5 m. a. ±0.5), el margen continental se siguió desplazando hacia el noroeste hasta separarse casi totalmente del resto de México, y dio como resultado la actual Península de Baja California (Figura 19) y su mar interior.

El rompimiento y el desplazamiento de la península se debieron al movimiento de la Placa de Norteamérica hacia el occidente, que asimiló a la Dorsal del Pacífico oriental. Una vez en el interior, los esfuerzos distensivos formaron el Golfo de California. En el fondo centro-meridional del golfo afloran rocas ígneas de composición de corteza oceánica típica. Por otro lado, durante los desplazamientos de la Península de Baja California hacia el noroeste, de la Placa de Norteamérica hacia el occidente, de la de Cocos hacia el noreste y la del Caribe hacia el oriente, la porción media de México se convirtió en una zona de debilidad cortical con una expresión estructural conocida como *Cinturón Volcánico Transmexicano* (CVT), cuya mayor actividad magmática se manifestó durante el Plio–Cuaternario (Figuras 11 y 19). Sin embargo, existen evidencias de vulcanismo precursor en diferentes sectores del mismo complejo volcánico.

IV. Cinturón Volcánico Transmexicano

Cuaternario

Pleistoceno–Holoceno (1.5 millones de años al presente)

En una imagen fotográfica tomada desde un satélite, el Cinturón Volcánico Transmexicano (CVT) constituye una expresión fisiográfica con una extensión de unos 920 km (Figura 20), que bisecta a la porción intermedia de la República Mexicana desde el Océano Pacífico hasta el Golfo de México, es decir,

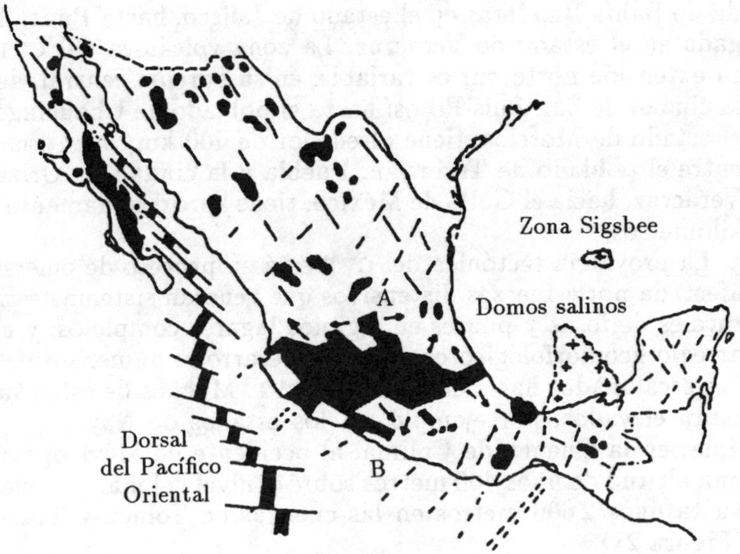

SECCIÓN ESQUEMÁTICA DEL CINTURÓN VOLCÁNICO TRANSMEXICANO (AB)

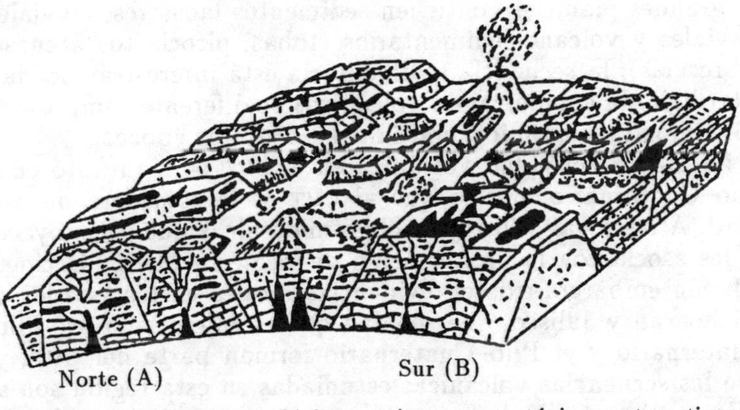

Figura 20. La provincia geológica mexicana es tectónicamente activa por los procesos mencionados en la figura anterior. En esta ilustración se manifiestan rocas volcánicas del Plio–Cuaternario (zonas negras), que están asociadas con el gran fracturamiento que afecta a todo el país. En el esquema inferior se ilustra el abombamiento del Cinturón Volcánico Transmexicano, constituido por sistemas de bloques limitados por fracturas y fallas de tensión; el conjunto rocoso es volcánico.

desde Bahía Banderas en el estado de Jalisco, hasta Punta Delgada en el estado de Veracruz. La zona volcánica del CVT en su extensión norte–sur es variable; en su porción central, desde la ciudad de San Luis Potosí hasta el poblado de Chaucingo en el estado de Morelos, tiene alrededor de 400 km; mientras que entre el poblado de Teziutlán, Puebla y la ciudad de Orizaba, Veracruz, hacia el Golfo de México, tiene aproximadamente 100 kilómetros.

La provincia tectónica del CVT está en proceso de emersión, afectada por esfuerzos distensivos que generan sistemas estructurales de fosas y pilares en algunos lugares complejos, y cuyo arreglo geomorfológico es el de un desarrollo numeroso de valles escalonados hacia el centro del CVT. Muchos de estos valles están elevados, por ejemplo, en los estados de Nayarit y Colima, en la Cuenca de Colima, al occidente de México, tienen una altitud de unos 400 metros sobre el nivel del mar y se elevan hasta unos 2 600 metros en las cuencas de Toluca y Tlaxcala (Figura 21).

Se han distinguido cuatro regiones geomorfológicas mayores en las que se localizan grandes fosas tectónicas: *1*) Tepic–Chapala, *2*) Colima, *3*) Michoacán, y *4*) cuencas de Toluca, de México, de Puebla–Tlaxcala y la Oriental. Estas regiones de grandes planicies contienen sedimentos lacustres, aluviales, fluviales y volcano-sedimentarios (tobas, piroclastos arenosos y breccias); la secuencia sedimentaria está interestratificada e interdigitada con derrames volcánicos de diferente composición mineralógica y química, emitidas en distintas épocas.

La mayor actividad volcánica en el CVT se manifestó en el Plio–Cuaternario, por lo que al CVT se le considera de esta edad. A las rocas volcánicas oligo-miocénicas que les subyacen se les asocia con la prolongación de la Sierra Madre Occidental. Sin embargo, existen evidencias locales en los estados de Michoacán y Jalisco, que señalan que el vulcanismo pre-Plio–Cuaternario y el Plio–Cuaternario forman parte del CVT, ya que las secuencias volcánicas estudiadas en esta región son similares al resto de las rocas ígneas que constituyen al CVT. Los dos periodos de vulcanismo, del Oligoceno–Mioceno y del Plioceno–Cuaternario, están separados por una etapa de inactividad volcánica. El intervalo de estabilidad en la región de los Humeros, Michoacán, comprende desde el cese de la actividad, hace 3 500 000 de años, hasta su reactivación, hace 1 000 000 de

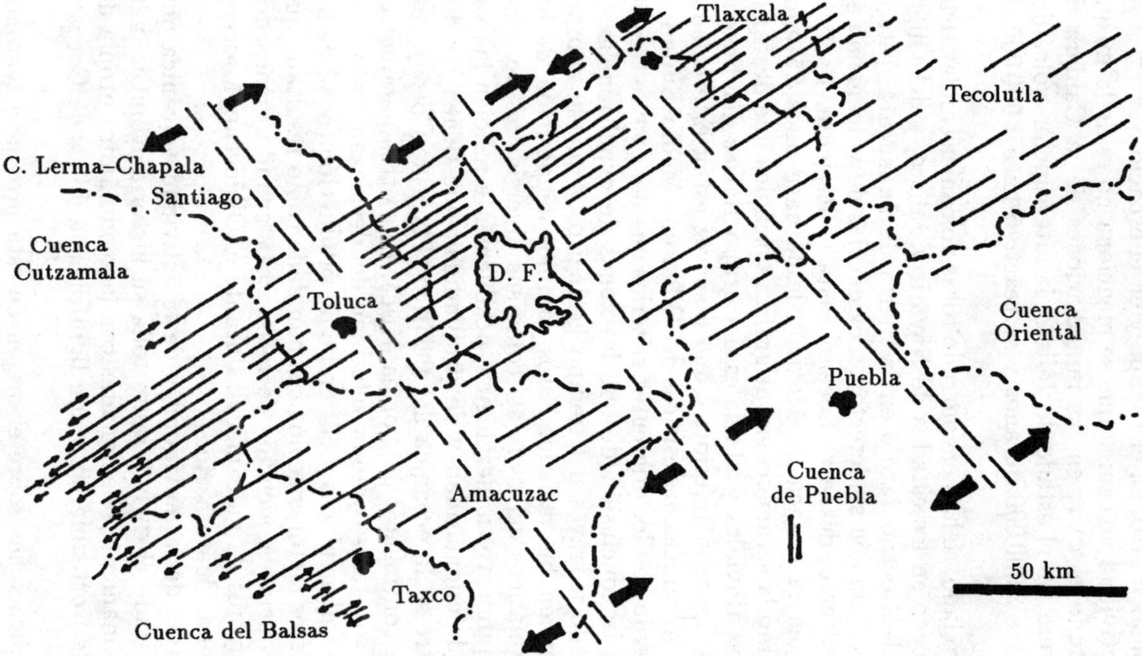

Figura 21. La estructura del Cinturón Volcánico Transmexicano está constituida por valles y cuencas, con altitudes que varían desde unos 400 metros sobre el nivel del mar (Cuenca de Colima), hasta más de 2 600 metros (cuencas de Toluca y Tlaxcala). Esta zona, como toda la estructura del CVT, está gobernada por sistemas de fracturas y de fallas de tensión, por lo que es sísmicamente activa.

años. Sin embargo, estas desactivaciones volcánicas no son consistentes geocronológicamente, puesto que varían en magnitud y de un lugar a otro, en el tiempo y en el espacio.

La inactividad volcánica que se menciona no es de la misma edad en todo el CVT; en las inmediaciones de la Caldera de la Primavera, en el estado de Jalisco, la interrupción volcánica ocurrió hace 3 000 000 de años y se reactivó hace 1 000 000 de años.

Por otro lado, se han encontrado rocas volcánicas andesíticas del Oligoceno en los estados de Nayarit y Jalisco, y del Oligoceno y del Mioceno tardío en la Sierra de Juanacata, estado de Jalisco. También se detectaron evidencias de vulcanismo en la fosa de Tepic, desde el Eoceno hasta el Reciente. Particularmente, en la cuenca de México, desde hace unos 25 años se determinó la secuencia estratigráfica volcánica que descansa sobre rocas fluviales y aluviales del grupo Balsas del Eoceno Medio y Oligoceno Inferior, y que a su vez están intercaladas con rocas volcánicas andesíticas del Oligoceno Medio–Superior.

De acuerdo con los diferentes criterios que del CVT se tienen, se llega a la conclusión de que las zonas de expulsión lávica han migrado a través del tiempo geológico, y que su composición también ha variado. Estos cambios de posición de los focos magmáticos del CVT, así como sus diversidades de composición química y mineralógica, posiblemente reflejen las variaciones de angularidad y de profundidad que tienen las dos placas entre sí: la oceánica del Pacífico (Placa de Cocos), respecto a la continental de Norteamérica. Hay otros parámetros significativos, tales como la velocidad del desplazamiento relativo entre ambas placas y el tiempo de subducción (edad de las placas). Estos factores geológicos han dado como resultado que en la provincia en mención se reconozcan cuando menos dos etapas mayores de vulcanismo: durante el Oligoceno–Mioceno y el Plioceno–Cuaternario.

Las causas de la movilidad y de la actividad volcánica que ha manifestado el CVT durante toda su historia evolutiva han estado íntimamente relacionadas con la geodinámica propia de la Placa de Norteamérica y con la influencia de las de Cocos y del Caribe.

Las explicaciones sobre el origen de esta provincia tectonovolcánica son diversas. Algunos geólogos proponen al CVT como una antigua fisura reactivada del basamento continental; otros más lo consideran como la continuación de una fisura oceánica de la Dorsal del Pacífico oriental asimilada por el continente. También se ha considerado al CVT como un fracturamiento continental con esfuerzos distensivos —producidos por otras placas aledañas— que generan sistemas de fosas. La teoría más común sobre el origen del CVT, es aquella que lo relaciona con el modelo de Arco Volcánico Intracontinental, debido a la asimilación de la Placa de Cocos por la placa continental.

El CVT tiene características geológicas multigenéticas, puesto que aparenta ser consecuencia del desplazamiento sucesivo de las tres placas tectónicas mencionadas, desplazamiento en el que la Placa de Cocos obstaculiza el movimiento de la de Norteamérica, dando origen a una fisura cortical. En esta zona de debilidad se manifiesta la expulsión volcánica como producto de la subducción o asimilación de la Placa de Cocos; así el CVT continúa en emersión, por lo que se generan esfuerzos distensivos de occidente a oriente, que dan origen y forman la fosa de Bahía de Banderas, los grabenes de Chapala y de Cuitzeo, las cuencas de Toluca, de México, de Puebla–Tlaxcala y la oriental, que se prolonga hasta Punta Delgada en el estado de Veracruz (Aguayo y Marín, 1987). La ruptura cortical en Bahía de Banderas pudo ser propiciada por la Placa Rivera, que al ser subducida actuó como cuña e hizo que, en la región de Cabo Corrientes se manifestaran sistemas conjugados de fallas y de fracturas que son sumamente complejos (Figura 12).

Debido a la subducción de la Placa de Cocos y a la efusión del magma hacia la superficie, los primeros esfuerzos fueron compresivos y produjeron estratovolcanes generalmente de composición variable: andesitas, riolitas y dacitas. Durante este proceso la provincia tectónica del CVT siguió su desarrollo y pasó por etapas sucesivas de distensión con vulcanismo, erosión y sedimentación aluvial, fluvial y lacustre. Cuando los bloques de origen distensivo se conformaron escalonadamente hacia la porción central del CVT, se presentaron otros episodios volcánicos de tipo explosivo con lavas y piroclastos de composición básica a intermedia (Figura 20).

La composición de las rocas volcánicas a lo largo del CVT varía de acuerdo con la lejanía y el ángulo de incidencia con la Trinchera de Acapulco. Por ejemplo, en la parte occidental del CVT (Tepic–Chapala) se identificaron rocas de composición muy variable y sin embargo relacionadas con la subducción de la Placa Rivera. A los productos del vulcanismo de las porciones central y oriental del CVT se les asocia con la subducción de la Placa de Cocos; entre ellos se han identificado algunas variaciones químicas de los magmas, debidas a los cambios en ángulos de incidencia y al espesor de la placa oceánica; ésta es cada vez más antigua a medida que se avanza hacia el oriente (con más de 4 000 000 de años).

También se ha determinado la dirección de los mecanismos focales de los sismos someros de 0–76 km de profundidad, en las costas del Pacífico en México, y se ha concluido que la Placa de Cocos tiende a avanzar hacia el noreste, con ángulos de inclinación que varían normalmente entre 31° y 41°. Así se ha conocido que los ángulos de inclinación de la placa oceánica ampliamente asimilada bajo el continente también son variables; por ejemplo, en las cercanías del volcán de Colima, el ángulo es de 30°; entre Toluca, Estado de México, hasta San Andrés Tuxtla, Veracruz, el ángulo es de 20°; en contraste, en las inmediaciones del volcán Chichón, en Chiapas, la zona está inclinada más de 40°.

En síntesis, de acuerdo con el conocimiento actual que se tiene sobre el origen del CVT y su evolución, éste manifiesta diferentes condiciones tectónicas y estructurales a lo largo y a lo ancho de todo su sector de emplazamiento. Estas diferencias se deben definitivamente al desplazamiento diferencial que existe entre las placas de Norteamérica y la del Caribe, y que está afectado, a su vez, por la subducción de las placas de Cocos y de Rivera desde el Mioceno tardío (Figura 13).

A pesar de que la máxima actividad tectónica e ígnea del Cinturón Volcánico (CVT) ocurrió durante el Plio-Cuaternario y el Reciente, el fracturamiento y fallamiento se inició previamente, durante el Mioceno Medio, cuando la antigua dorsal del Pacífico oriental fue asimilada por el margen occidental de la placa continental, o sea, hace 13 000 000 de años.

V. Sistemas estructurales activos

La aparente complejidad estructural de México es consecuencia de la geodinámica global que ha afectado a las diversas provincias y subprovincias geológicas que constituyen el país y sus mares aledaños. Del Mioceno al Cuaternario, como ya se mencionó en el capítulo anterior, la asimilación de la antigua dorsal del Pacífico oriental bajo el continente gobernó el fracturamiento y fallamiento distensivo con orientación noroeste-sureste, asociado al origen y evolución del Golfo de California, y del Sistema Motagua–Polochic, en el noreste y el sur de México, respectivamente.

Por otro lado, en las provincias del centro del país, del Golfo de México, del Caribe y del Istmo de Tehuantepec, se conjuntaron varios sistemas de esfuerzos tectónicos distensivos, compresivos y de cizallamiento, cuyo resultado estructural es sumamente complejo, debido a que esos esfuerzos interactuaban simultáneamente al desplazarse la placa continental Norteamericana hacia el oeste–suroeste, el bloque Maya se deslizaba a lo largo del Sistema Motagua–Polochic, y la subducción de la Placa de Cocos difundía en la corteza todo tipo de esfuerzos: compresivos, distensivos y de cizallamiento en su movimiento hacia el noreste.

Estos últimos esfuerzos aparentemente han sido los más importantes desde el Mioceno hasta el Cuaternario, sin menoscabo de aquellos que fueron localmente significativos y que generaron otros sistemas estructurales. La información geológica y geofísica en el subsuelo y en afloramientos es vasta en descripciones sobre sistemas de fallas, fracturas y pliegues con una orientación noreste–suroeste; sin embargo, su origen es controvertido, por lo que es necesario analizar simultáneamente los rasgos fisiográficos y estructurales del continente y de las cuencas oceánicas que lo circundan.

En este trabajo se delimitan varios sistemas estructurales distensivos y de cizallamiento que han sido detectados; se observa que no son accidentes tectónicos locales cuando se integran regionalmente.

En la figura 22 se muestran los rasgos morfotectónicos de la República Mexicana y se destacan algunas estructuras mayores asociadas a los sistemas de fallas y fracturas con orientación

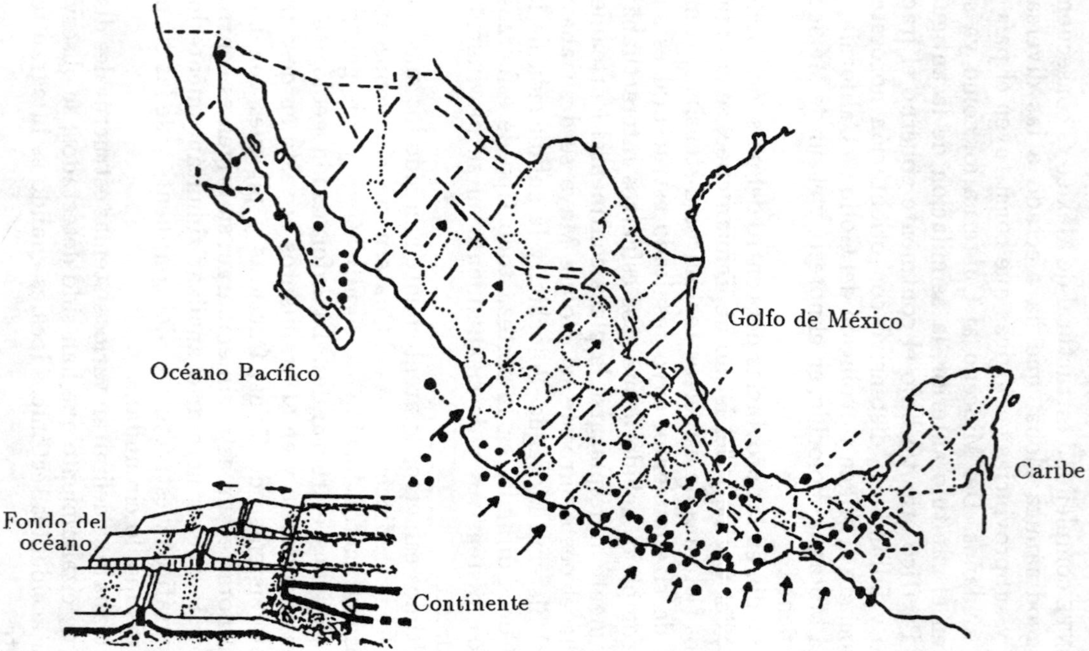

Figura 22. Las flechas indican la dirección del movimiento de la placa oceánica abajo del continente, del suroeste hacia el noreste, y en el esquema inferior se ilustra el deslizamiento del fondo oceánico bajo el continente. Las líneas discontinuas en el interior del continente indican algunos sistemas de fracturamientos regionales; las flechas, la dirección de los esfuerzos tectónicos que dieron origen a la formación de la Sierra Madre Occidental y a la de Chiapas.

noreste–suroeste. La delimitación de las alineaciones dista de ser sencilla debido a que existen copiosas bifurcaciones en los sistemas de fracturamiento conjugados. No obstante, es posible visualizar los sistemas cuando se relacionan conjuntamente con los cambios de flexión estructural, contactos estratigráficos y fisiográficos, cauces fluviales mayores, distribución de fuentes termales y de focos sísmicos, que así lo indican.

Tales sistemas estructurales limitan a grandes bloques continentales (Figura 22) y entre ellos existen otros también regionales que cruzan el país, no menos importantes.

El origen de esta fragmentación del basamento continental tal vez sea el reflejo de los elementos estructurales de las placas oceánicas que conforman a la de Cocos, y que han sido asimiladas por la placa continental. Las placas oceánicas están divididas en un sistema de subplacas delimitadas entre sí por fallas de transformación, que al ser traslapadas por el continente se desplazan individualmente y con diferente velocidad, rumbos y ángulos de inclinación en el subsuelo, lo cual depende también de varios factores: velocidad de desplazamiento regional y local, ángulo de incidencia entre el continente y la placa oceánica y configuración basal del continente (rugosidad), entre otros.

Las subplacas oceánicas en el subsuelo continental se detectan mediante la localización de la profundidad y distribución de los focos sísmicos. Los límites de las mismas se manifiestan en la superficie como sistemas de fracturas y de fallas de tipo distensivo, generalmente asociadas con aparatos volcánicos, o bien, mediante derrames ígneos de tipo fisural, fuentes hidrotermales y zonas mineralizadas. La uniformidad que se observa en la continuidad de las fallas de transformación de las placas oceánicas se enmascara en el continente debido a su complejidad estructural. Sin embargo, las alineaciones regionales en la superficie del continente son determinables, y están constituidas por sistemas de fracturas y de fallas que en su conjunto, presentan ciertas orientaciones preferenciales (Figura 21), susceptibles de ser determinadas.

VI. La provincia oceánica global y sus recursos naturales

Las ciencias, ***básica*** y ***aplicada***, representan una verdadera inversión cuando se les planifica adecuadamente, puesto que ambas son complementarias entre sí y en conjunto aportan beneficios y conocimiento a la humanidad. Debemos tener presente que la ciencia es el enlace del hombre con la naturaleza; es una relación que requiere un orden secuencial de pensamiento y de acción: observación y registro, análisis y clasificación, e interpretación y comprobación. Cualquier cambio en este orden nos desvía del verdadero y fascinante camino que nos conduce al conocimiento de nuestra misma naturaleza.

El crecimiento actual de la población a escala mundial es del orden de 200 000 personas al día, por lo que la demanda de recursos naturales se incrementa en forma desproporcionada, con su consiguiente agotamiento, debido a la explotación irracional y al desperdicio.

Por esta razón la humanidad ha puesto, nuevamente, su atención en la provincia marina, ya que de ella depende el potencial que el mar ofrece como abastecedor de alimentos, por un lado, y de minerales y energía, por otro. De los 510 000 000 km^2 de la superficie total de nuestro planeta, 362 000 000 corresponden al área marina, o sea, alrededor del 71 por ciento.

La *ciencia* que tiene por objetivo el estudio del mar es la *oceanología*, una ciencia aplicada que comprende la interacción multi e interdisciplinaria de otras ciencias —específicamente de la geología, la química, la física y la biología— con el fin de entender al océano en forma integral, explotar sus recursos y definir las políticas que permitan la protección de los mares.

En lo particular, la geología marina u oceanografía geológica se enfoca al estudio del origen y la evolución de las cuencas oceánicas en su relación con los continentes aledaños, desde la zona costera hasta los fondos abisales. Para ello, es necesario identificar, caracterizar y entender los rasgos fisiográficos y geológicos mayores y menores, así como los procesos de erosión y de sedimentación, ya que todos son fundamentales en la comprensión del origen y la concentración de los recursos minerales y energéticos que el mar contiene.

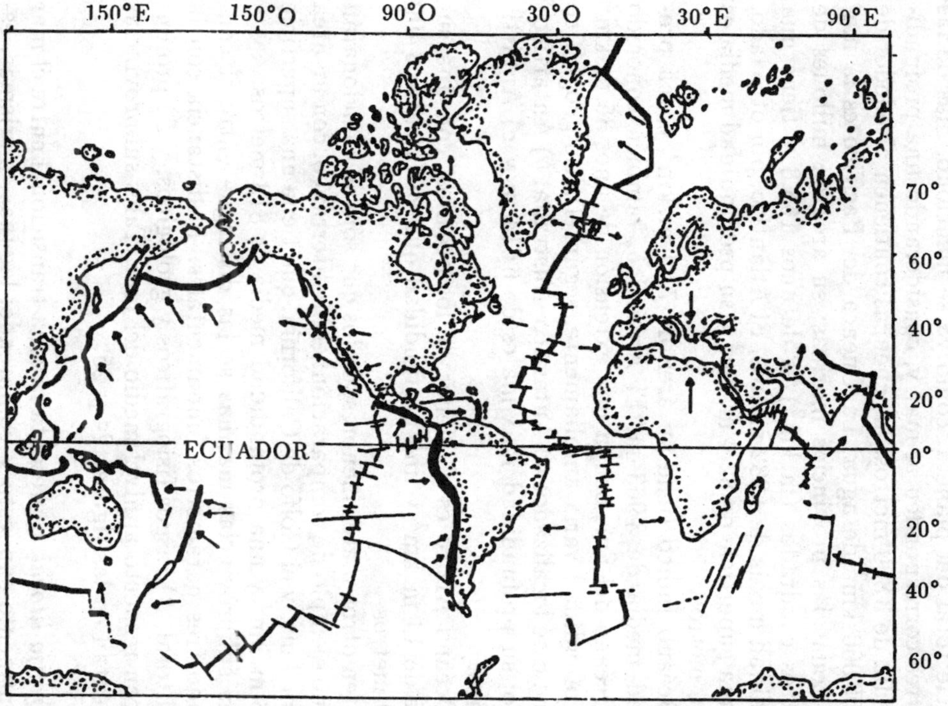

Figura 23. La superficie mayor de continentes expuestos están situados en el hemisferio norte y en contraparte, la superficie mayor del mar se ubica en el hemisferio sur. Las flechas indican la dirección del movimiento de las placas tectónicas, según datos de B. Isacks, J. Oliver y L. R. Sykes (*Journal of Geophysics Research*, 1968).

Si observamos el mapa mundial, es evidente que los continentes y los océanos no están uniformemente distribuidos: el volumen mayor de las masas continentales se concentra en el hemisferio norte, y los océanos hacia el sur (Figura 23). De la superficie total del planeta, como ya se mencionó, más de las 3/4 partes corresponden al mar y, considerando una profundidad media de 3 800 metros, las cuencas contienen alrededor de 1 376 000 000 km^3 de agua. La Cuenca del Pacífico es la mayor de todas las provincias marinas; su área en millones de kilómetros cuadrados (m. km^2) es de unos 165.3 y tiene una profundidad media de 4 282 metros. El Atlántico, por otro lado, cubre una superficie de 82.4 m. km^2 y su profundidad media es de 3 926 metros.

El Océano Índico tiene un área de 73.4 m. km^2 y una profundidad media de 3 963 m. El Antártico, también conocido como Océano del Sur, ocupa una extensión de unos 35 m. km^2 y su profundidad varía ampliamente, según el sitio geográfico en el que esté localizado: *a*) Antártico–Australia, *b*) Antártico–Pacífico; su profundidad máxima es de 6 614 m y *c*) Antártico–Índico.

El Océano Ártico es el menor de los océanos, con una superficie de 14 m. km^2 y una profundidad que varía entre 3 400 y 4 000 metros.

Existen otros mares menores, de los que sólo se mencionarán dos como ejemplo de comparación: el Mediterráneo, con un área de 2.9 m. km^2; y el Golfo de California, que tiene una superficie de 0.16 m. km^2 y una profundidad media de 813 metros.

A las subprovincias marinas se las distingue entre sí considerando tres parámetros fundamentales: *1*) distancia con la franja litoral, *2*) rasgos fisiográficos y geológicos, y *3*) profundidad con respecto al nivel medio del mar. Tales subprovincias se presentan en las figuras 24 y 25.

a) *Franja litoral*: representa la zona transicional entre el mar y el continente expuesto y comprende: lagunas, marismas, esteros, playas y otros ambientes costeros.

b) *Plataforma continental*: corresponde a 7.5% del total de la superficie de los océanos, o sea, 27 150 000 km^2. Fisiográficamente tiende a ser plana, aunque puede contener algunos montículos debido a crecimientos arrecifales o a erosión diferencial. Su extensión varía entre unos cuantos kilómetros y más de

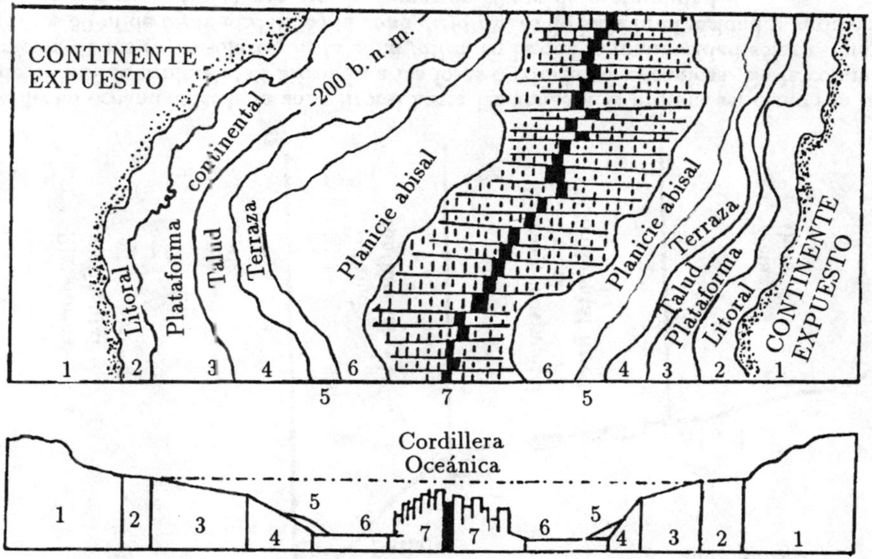

Figura 24. En la figura se representan las provincias fisiográficas marinas más sobresalientes en un océano en expansión tipo Atlántico. *1*) Continente expuesto; *2*) la *zona litoral*, cuya planicie comprende los límites superior e inferior de las mareas diarias, pleamar y bajamar, respectivamente; *3*) el borde externo de la *plataforma continental* tiene una profundidad promedio mundial de 130 m y en México coincide, generalmente, con la isóbata de 200 m; *4*) el *talud continental* alcanza profundidades promedio hasta de 2 500 m; *5*) la *terraza de pie del talud*, formada por acumulación de sedimentos entre 2 000 y 5 000 m de profundidad; *6*) el *fondo oceánico abisal* o *planicie abisal*, con más de 3 000 m de profundidad, generalmente afectada por conos volcánicos y colinas de diferente origen; 7) las cordilleras o dorsales oceánicas corresponden a zonas de rompimiento y expansión del fondo oceánico.

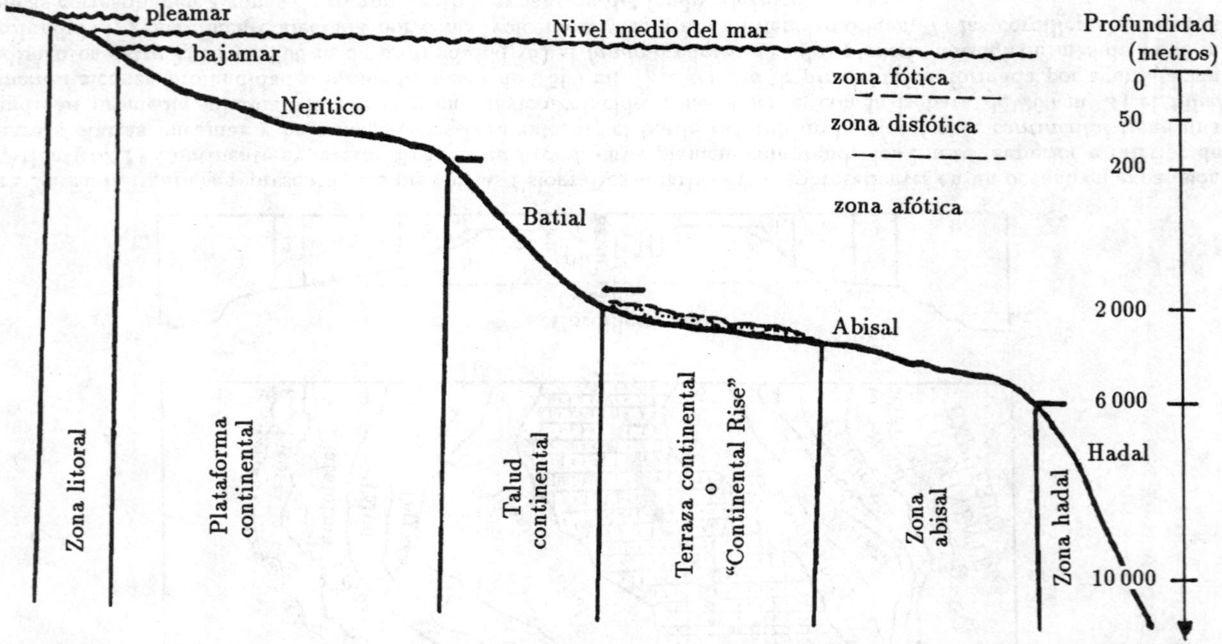

Figura 25. Perfil del lecho oceánico desde la zona litoral hasta las zonas más profundas, como son la abisal y la hadal; esta última a más de 10 km de profundidad asociada a las fosas o trincheras oceánicas. En la columna de agua existen tres zonas de infiltración de los rayos solares: *a*) la *zona fótica*, en la que la luminosidad solar es mayor y que cubre un tirante de agua hasta los 50 m de profundidad; *b*) la *zona disfótica*, es de baja luminosidad y varía entre los 50 y 200 m, y *c*) la *zona afótica*, que es permanentemente oscura, a más de 200 m de profundidad.

1 000; sin embargo, lo más común son aquellas con un promedio de 65 km de anchura, y con una inclinación, de la costa hacia el mar abierto, de entre 0.1 y 3.2°. La plataforma varía en profundidad entre 20 y 500 m, siendo el promedio global de 130 m. Particularmente en México, su borde coincide con la profundidad de 200 metros.

c) *Talud continental*: es el cambio de pendiente de la plataforma, y su extremo inferior es la terraza del pie del talud, a una profundidad media de 2 500 m. Corresponde a 3.3% del total de la superficie de los océanos, es decir, 11 940 000 km^2. Tiene una anchura que varía entre 15 y 30 km, y su rango de inclinación es muy variable, desde 3 hasta 70° o más, aunque lo más frecuente son 25°.

d) *Terraza del pie del talud*: es una acumulación sedimentaria de hasta 10 km de espesor. Su anchura varía entre 100 y 1 000 km; su pendiente es de menos de 1° y su superficie se ve interrumpida ocasionalmente por cañones submarinos o por volcanes no del todo sepultados. Este depósito se localiza al pie del talud continental, a profundidades que varían entre 2 000 y 5 000 m, aunque en promedio se ubica entre 2 500 y 3 000 m.

e) *Fondo oceánico profundo (abisal)*: se ubica entre el margen continental y las cordilleras oceánicas, y conforma una superficie frecuentemente afectada por conos volcánicos y colinas de diferente origen, así como trincheras oceánicas, planicies abisales y conos volcánicos truncados, conocidos como *guyots* (Figura 26). Esta provincia ocupa hasta un 30% de la superficie total de la Tierra, o sea, 153 000 000 de kilómetros cuadrados.

f) *Trincheras oceánicas*: son expresiones fisiográficas elongadas y profundas, cuya longitud varía entre 800 y 6 000 km; su anchura tiene un rango de 40 a 120 km y su profundidad varía de 4 500 a 11 020 m, como en el caso de la Trinchera de las Marianas en el Pacífico, la más profunda hasta el momento localizada (Figura 27). De poco más de 30 trincheras exploradas, cinco rebasan los 10 000 m de profundidad. Estas fosas oceánicas se forman durante la asimilación del fondo oceánico por el continente que lo sobreyace y, en paralelo, están asociadas a cadenas de volcanes (Figuras 28 y 29).

g) *Cordilleras o dorsales oceánicas*: son sistemas montañosos de gran extensión que sobresalen del fondo oceánico en forma de grandes elevaciones estructurales asociadas con volcanes. Su anchura varía desde 500 hasta 5 000 km y su longitud alcanza los

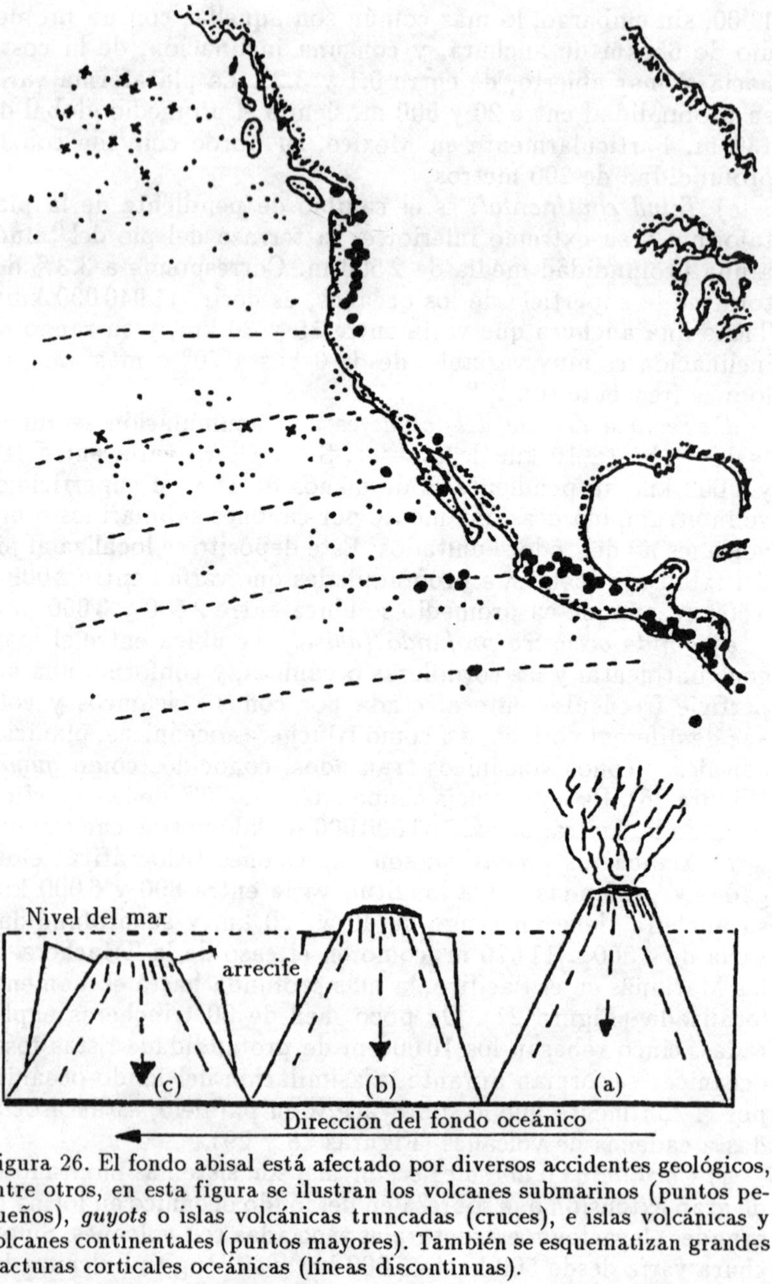

Figura 26. El fondo abisal está afectado por diversos accidentes geológicos, entre otros, en esta figura se ilustran los volcanes submarinos (puntos pequeños), *guyots* o islas volcánicas truncadas (cruces), e islas volcánicas y volcanes continentales (puntos mayores). También se esquematizan grandes fracturas corticales oceánicas (líneas discontinuas).

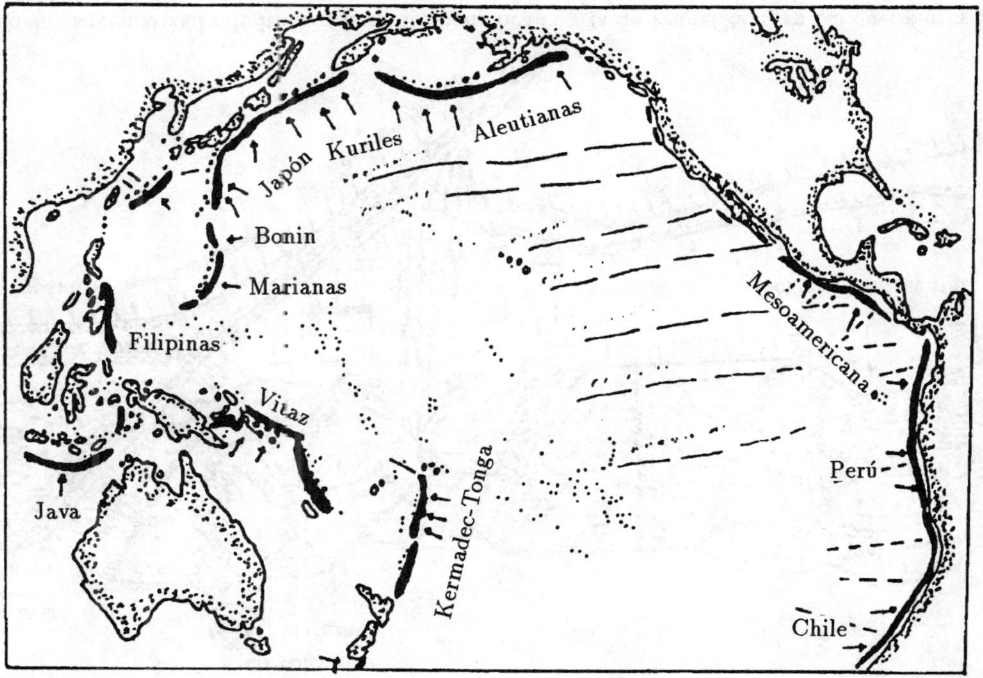

Figura 27. Las trincheras oceánicas del Pacífico son expresiones fisiográficas elongadas y profundas que indican las zonas en donde la corteza oceánica es asimilada por el continente. Las flechas señalan la dirección del desplazamiento de la corteza oceánica en diferentes puntos geográficos, en los que a las trincheras se les conoce por nombres específicos.

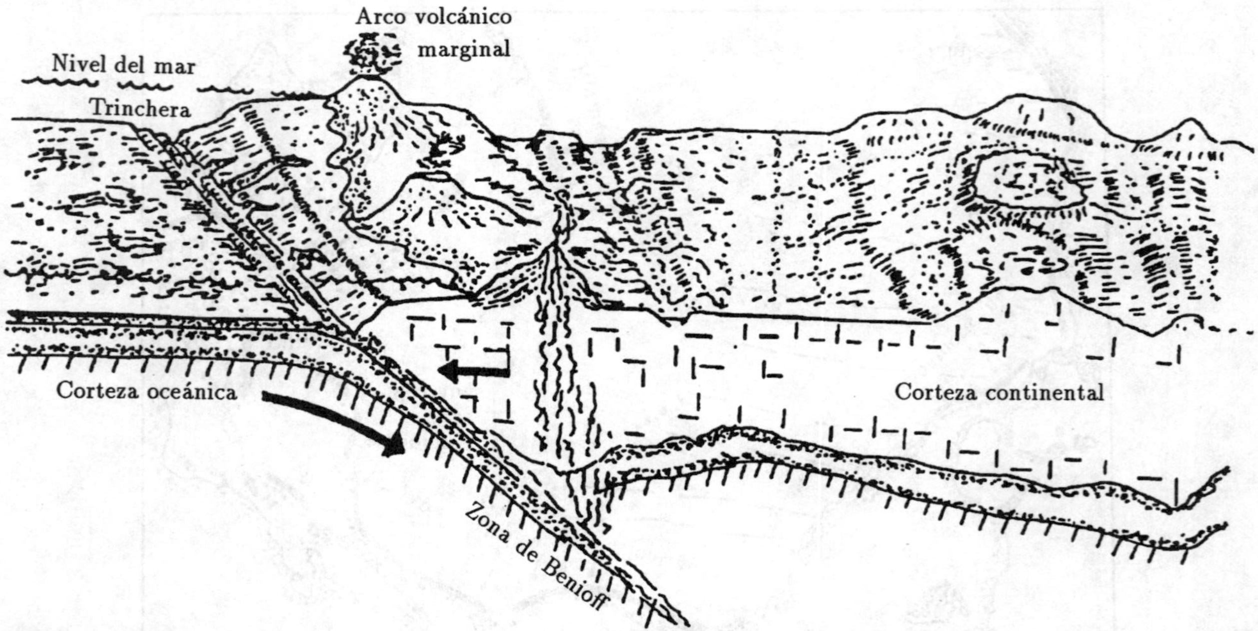

Figura 28. Modelo esquematizado de la Trinchera Mesoamericana y la de Perú–Chile, en las que, por la asimilación de la corteza oceánica bajo el continente, se genera un arco volcánico de tipo regional.

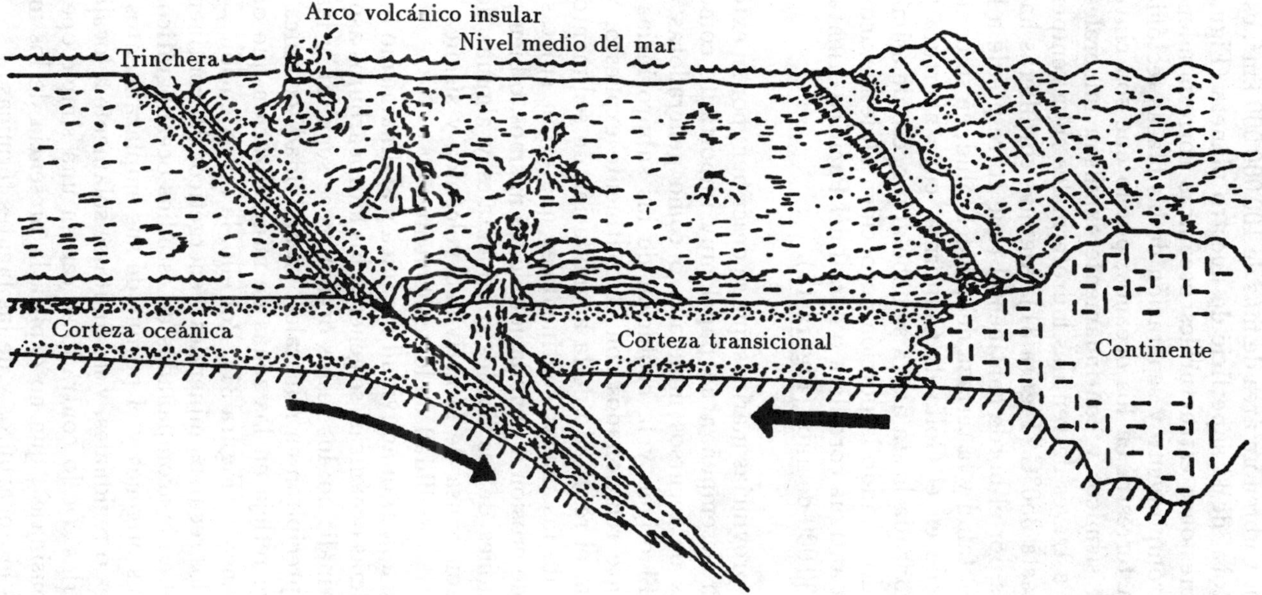

Figura 29. Modelo esquemático de una trinchera oceánica que se formó por la asimilación de la corteza oceánica y dio origen a una cadena o arco volcánico, con un mar intermedio entre éste y el continente expuesto. Este arco volcánico es de tipo insular, por ejemplo, Aleutianas, Japón, Marianas.

65 000 km. Cubren un área de más de 100 000 000 km^2, es decir, 20% del total de la superficie de nuestro planeta (Figura 28). Estas expresiones estructurales oceánicas corresponden a las zonas de rompimiento y separación de las placas tectónicas de la corteza terrestre en los océanos, por lo que son cinturones altamente sísmicos y continuamente expulsan minerales polimetálicos a través de ventilas hidrotermales cuya temperatura alcanza hasta 350°C (Figura 31). Algunas cordilleras han sido asimiladas por el borde continental (que corresponde a la plataforma, el talud y la terraza del pie del talud, en su conjunto), como sucede en el Golfo de California, cuya apertura y evolución alcanzada hasta ahora se debe al proceso de asimilación mencionado, cuando la porción noroccidental de México "traslapó" a la antigua cordillera o dorsal del Pacífico oriental hace unos 30 000 000 de años (Figura 17).

Las subprovincias marinas que se describen, por su extensión y posición desempeñan un papel muy importante como acumuladoras de recursos minerales o como generadoras de los mismos. El origen y la evolución de las subprovincias están íntimamente relacionados con el continente expuesto, ya sea porque son el resultado de la acumulación de sedimentos provenientes de las masas continentales que están sujetas a los procesos de erosión o denudación de los mismos, o bien porque son acreciones de los bordes continentales y algunas de ellas también son causa de la actividad volcánica y sísmica, o asimismo de la movilidad de los continentes.

Gracias a la gran actividad orgánica y al dinamismo físico de las provincias oceánicas, se generan los hidrocarburos asociados a hidrotermalismo; los restos orgánicos se sepultan y las soluciones se precipitan en minerales. La actividad tectónica de los océanos se refleja en las zonas de mineralización que ocurren en el continente (Figura 31). Por ello, la investigación y exploración de los recursos minerales y energéticos del continente expuesto deben ir acompañadas de estudios oceanográficos para conocer sus orígenes y el porqué de sus emplazamientos en sitios locales o regionales, y no limitarse solamente a localizarlos y explotarlos. De lo contrario se cae en una simple operación de "gambusinaje", que no explica la presencia de los minerales, de los hidrocarburos y de las fuentes térmicas.

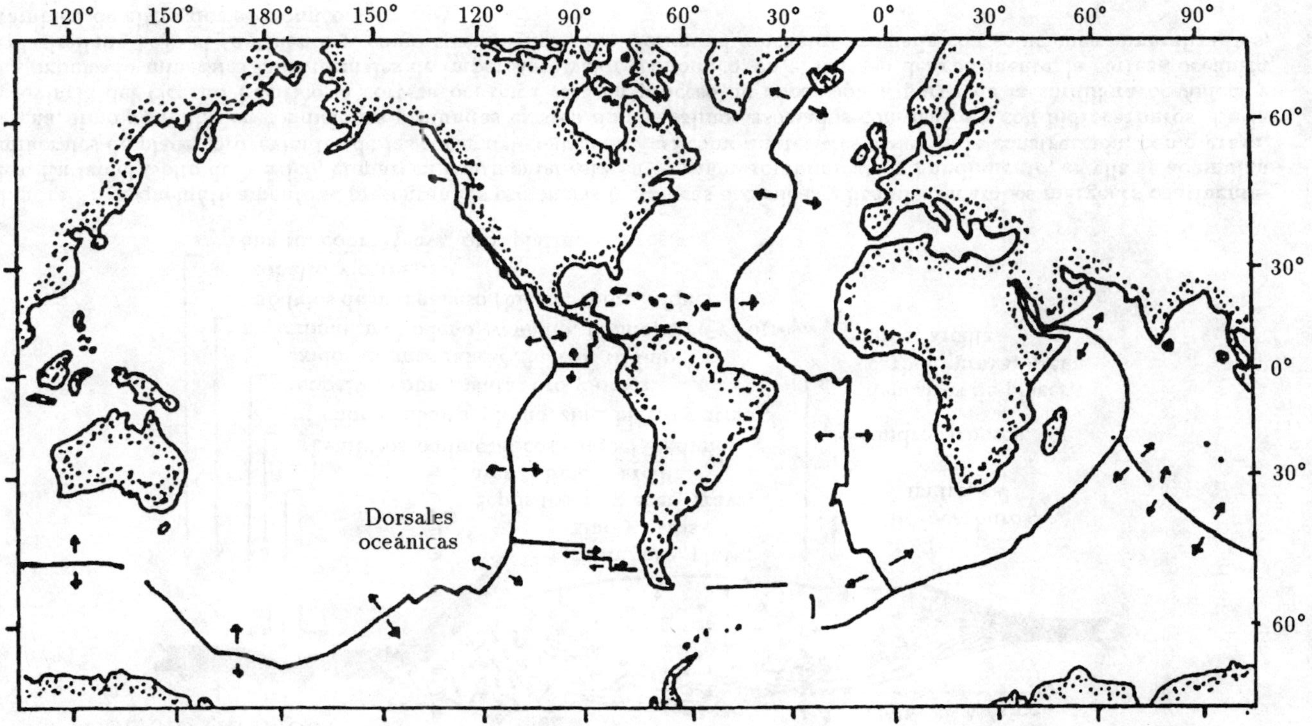

Figura 30. En la figura se esquematizan las dorsales o cordilleras oceánicas que limitan a las grandes placas tectónicas; las flechas indican la dirección de expansión y de deriva a partir de las zonas de ruptura.

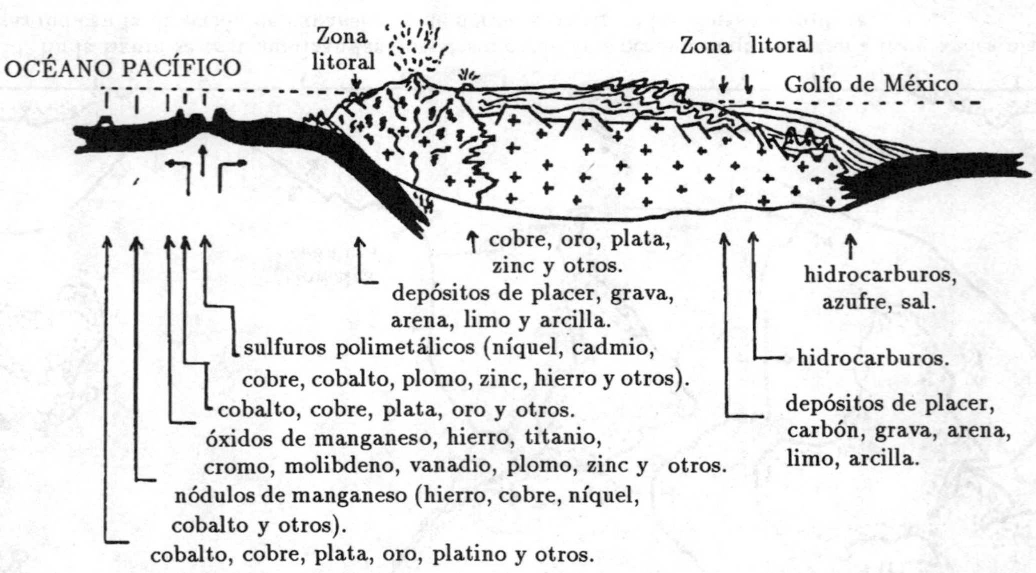

Figura 31. Esquemáticamente se presentan las provincias tectónicas oceánicas y litorales en ambos márgenes continentales. En la del Golfo de México, el margen continental está en continuo rompimiento y hundimiento; en ella se acumulan minerales de placer provenientes de las rocas del continente, así como materiales útiles en la construcción, como grava, arena, limo y arcilla; en condiciones profundas existen domos salinos asociados con azufre y con hidrocarburos. En la provincia del Océano Pacífico la corteza oceánica está en proceso de expansión a partir de la cordillera oceánica, y ha expulsado minerales hidrotermales de importante valor económico; en el margen del continente, la corteza oceánica es asimilada bajo el continente y, como consecuencia, hay actividad volcánica asociada con soluciones mineralizantes, también de alto valor económico.

El continente se está erosionando continuamente y los sedimentos resultantes son transportados por los sistemas fluviales y eólicos como partículas sólidas; otros son acarreados como soluciones, iones y coloides, hasta la zona costera, que es la franja de influencia del continente en el mar. El litoral, definido anteriormente, es una zona de acumulación de rocas, sedimentos y minerales, en forma de gravas, arenas, limos y arcillas que, conjuntamente con las conchas de moluscos y fragmentos de corales, equinodermos y otras especies calcáreas marinas, son una valiosa fuente de materiales de construcción, refractarios, cemento y otros usos industriales.

También es común explorar depósitos de minerales de placer que son muy codiciados por el hombre, de los cuales solamente se mencionan algunos como ejemplos (Tabla I).

Los minerales que se describen y otros muchos no mencionados que ocurren como depósitos de placer en la franja costera son continuamente removidos por el oleaje, por las corrientes litorales y por las mareas. Luego son transportados, inicialmente hasta el borde de la plataforma continental y posteriormente como cascadas de sedimentos a través de cañones submarinos, hacia sitios más profundos y a lo largo del talud continental, hasta alcanzar el fondo oceánico o las trincheras oceánicas.

Estos depósitos sedimentarios, en ocasiones acompañados por minerales de placer, conforman las terrazas marinas de pie del talud continental y continúan siendo acarreados por las corrientes marinas profundas hasta el lecho oceánico. En todos los casos mencionados, el espesor de los sedimentos y minerales es considerable; por ejemplo, en la plataforma continental llegan a tener espesores hasta de 15 km o aún más. Algunos países —como Japón, Australia, Turquía, Gran Bretaña, Chile y Canadá— explotan volúmenes considerables de carbón en las zonas someras de la plataforma continental y construyen islas artificiales con túneles en el sustrato marino para la explotación del mineral; tal es el caso del de Nueva Escocia, Canadá, con una obra de unos 8 km de longitud.

La riqueza mineral está ahí, en el lecho marino; sin embargo, aún no se explota por tres causas fundamentales: porque los minerales todavía son abundantes en el continente expuesto; porque el valor de éstos es bajo en el mercado internacional y porque, como consecuencia de las dos razones mencionadas,

Tabla I. Ejemplos de depósitos de minerales de placer

Minerales	*Elementos aprovechables*	*Países o sitios donde se explotan*
Magnetita	Hierro	Numerosos países
Titanita	Titanio	Australia, Rusia, países nórdicos
Cromita	Cromo	Australia
Monacita	Tierras raras	Australia, EUA
Circón	Circonio	Mar Negro, Mar Báltico, Australia
Ilmenita	Titanio	Australia, Rusia, Mar Báltico
Rutilo	Titanio	Australia, Rusia
Casiterita	Estaño	Tailandia, Indonesia, Australia, Malasia, Rusia, Inglaterra
Platino	Platino	Mar Negro, Rusia, Japón, Alaska, Filipinas
Oro	Oro	Australia, Filipinas, Alaska, EUA
Arena y grava	Mat. de construcción	La mayoría de los países
Carbonato de calcio	Mat. de construcción, cemento, agricultura	EUA, Islandia
Sulfato de bario	Lodo de perforación pinturas, vidrio	Alaska
Minerales feldespáticos	Potasio	Alaska
Diamantes	——	África, Brasil
Fosforitas	Fósforo	Japón, México, India, América del Sur, EUA, Australia, España, África

no se ha desarrollado la tecnología adecuada para extraerlos del mar.

No obstante, en esa acumulación de sedimentos de considerable espesor, otros recursos se están generando al mezclarse con materia orgánica; por ejemplo el petróleo y el gas natural, cuya explotación no requiere de túneles ni de socavones directos, sino de la perforación de pozos profundos.

En los últimos años la tecnología petrolera ha avanzado enormemente, de tal manera que algunos países extraen hidrocarburos en tirantes de agua con más de 1 000 m. El avance en alta tecnología que han logrado esos países se debe a la gran demanda mundial de esos recursos, por la energía que producen y por sus abundantes derivados petroquímicos. Junto con el petróleo, también se extraen cantidades importantes de azufre, tal como sucede en la provincia del Golfo de México (Figura 32).

Actualmente, más de 20% de la producción mundial de hidrocarburos proviene de la provincia marina, principalmente de la plataforma continental. El 90% de los minerales se extraen del continente y sólo algunas variedades de ellos se explotan del mar en un pequeño porcentaje: 7% del carbón, 1% del fierro; 1% de la arena y la grava; 1% del carbonato de calcio; 6.1% del estaño y 1% del sulfato de bario. Como se observa, la mayor producción de minerales se obtiene del continente; sin embargo, excepcionalmente hay países como Japón, cuya explotación marina es significativa, que obtiene del mar 40% del carbón para su consumo.

Además de los minerales depositados en el océano como partículas sólidas, el agua en sí contiene unos 70 elementos en estado de solución; 10 de ellos son los constituyentes más abundantes y en conjunto equivalen a más del 99.7% de la composición del soluto en el mar. El cloro representa 55%, el sodio 30.7%, los sulfatos 7.3%, el magnesio 3.2%, el calcio 1.1%, el potasio 1.1% y el bicarbonato 0.3%. El 1% restante corresponde al ácido bórico, al estroncio y al flúor; a todos ellos se les denomina elementos mayores. Los 60 elementos restantes comprenden el 0.3% y se les considera elementos menores y elementos traza.

La sal común (cloruro de sodio) representa 85.7% del total de la composición del agua marina y es uno de los minerales que la humanidad ha aprovechado desde hace varios milenios. La sal se precipita en las costas por evaporación, como sucede en México en Ojo de Liebre y Guerrero Negro, en la costa centro-occidental de la Península de Baja California, así como en el poblado ribereño de El Cuyo, cercano a río Lagartos, en el extremo norte del estado de Yucatán, y en otras localidades costeras oaxaqueñas.

Además de servir para el consumo doméstico, a la sal también se le extraen los cloruros, indispensables en la elaboración de plásticos, hule, sosa cáustica y otros materiales sintéticos. Otro elemento aprovechable por el hombre es el magnesio, necesario en la elaboración de numerosos productos tanto industriales como farmacéuticos. Algunos elementos como el bromo, el po-

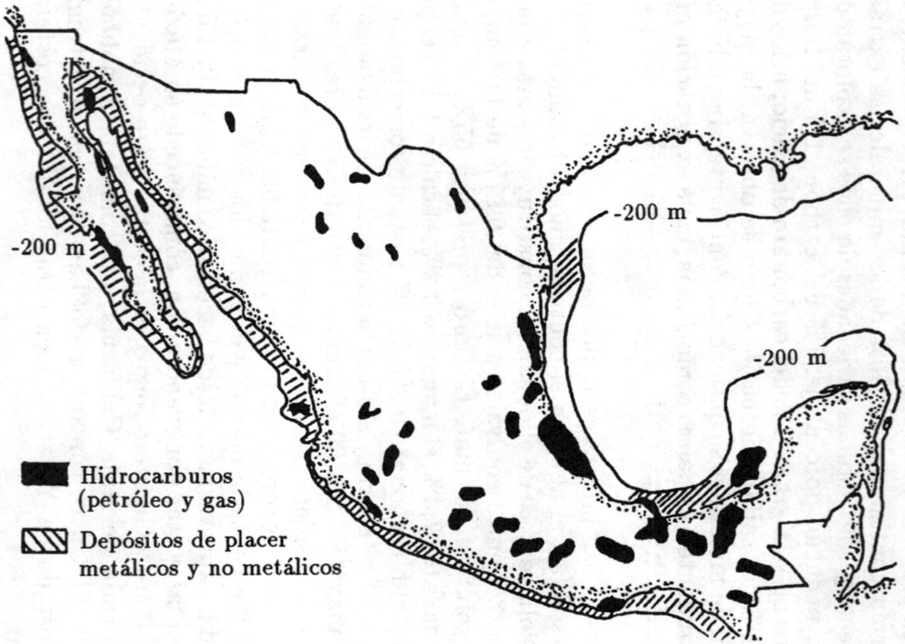

Figura 32. Debido a la actividad tectónica y volcánica que caracteriza al occidente de México, en la zona litoral y en la plataforma continental ocurren depósitos minerales de fácil extracción, constituidos por óxidos y sulfuros metálicos. La provincia del Golfo de México se caracteriza por contener un espesor de sedimentos de más de 10 km, con propiedades de generación y de acumulación de aceite, gas y azufre.

tasio y el iodo también se extraen del agua marina en forma comercial.

Pero el agua de mar no sólo es importante por su contenido mineral sino también como líquido vital, bajo la forma de agua dulce, elemento básico para todo tipo de desarrollo social. En cualquier provincia pueden existir riquezas minerales muy importantes, pero sin este elemento no es posible aprovecharlos.

Varios países extraen del agua de mar volúmenes considerables de agua dulce a un costo muy alto: Arabia Saudita, Malta, las islas Canarias, Kuwait, Abu Dhabi, Bahamas, Estados Unidos, Rusia, Holanda y, en menor proporción, México. Sin embargo, el aprovechamiento del agua de mar no ha sido tan intenso como sería deseable, debido a que la tecnología actual es insuficiente, además de costosa, para producir volúmenes considerables de agua dulce que satisfagan las necesidades urbanas e industriales que se requieren.

El agua de mar ofrece otras posibilidades, además de las mencionadas anteriormente. Un ejemplo es la generación de energía a través de variaciones en el gradiente térmico, el oleaje, los gradientes salinos, las corrientes someras y profundas, así como por la influencia de las mareas.

De todas estas posibilidades, las más atractivas debido a su viabilidad técnica y a su costo son la energía térmica y la generada por el oleaje y las mareas. La energía térmica se produce por el diferencial de calor que existe entre los estratos acuosos superficiales, que son más calientes que las aguas del fondo (entre 700 y 1 000 m). Las regiones geográficas ecuatoriales pueden producir energía mediante este sistema, es decir, mediante el intercambio cíclico de las aguas frías y calientes. Esto se logra con una temperatura diferencial de 20°C, suficiente para desarrollar electricidad en gran escala. Por este medio se puede producir energía en forma casi inagotable puesto que el volumen de agua de mar es considerable y continuamente se está renovando.

Durante el reciclaje del agua marina fría del fondo hacia los estratos superficiales también se podrán extraer nutrientes tales como compuestos de fósforo y nitrógeno, que se presentan en diferentes condiciones en el agua marina, ya sea disueltos en el agua o como compuestos orgánicos. Estos nutrientes son aprovechables para el florecimiento de las comunidades marinas, es decir, de la vida en la región. Este recurso bioquímico se utiliza en la acuacultura; en condiciones naturales los nutrientes del fondo oceánico llegan a la superficie por el proceso de surgencias, las cuales se generan cuando el viento acarrea grandes volúmenes del agua cercana a la costa hacia mar adentro o por las contracorrientes marinas, como sucede en las zonas ecuatoriales. En ambos casos, la divergencia de las aguas superficiales causa que las aguas profundas frías y ricas en nutrientes reemplacen los sitios que ocupaba el agua caliente superficial. Ejemplos de surgencias en México se tienen en las costas de latitudes medias, a lo largo de las costas de la Península de Baja California y en el interior de su Golfo, y también en el Golfo de Tehuantepec. En otros lugares geográficos, los depósitos de fosforitas se localizan a lo largo de los bordes continentales de Norteamérica, en la plataforma continental occidental de Sudamérica, en Australia y en Nueva Zelanda (Figura 33).

Como ya se mencionó, un sistema viable para generar energía eléctrica es la fuerza hidráulica que produce el oleaje, el cual es más significativo en las áreas geográficas de clima templado que en las áreas tropicales. Sin embargo, este factor no es limitante para generar energía. Así lo demuestra el caso de Noruega, que a pesar de su clima produce 0.5 megawatts mediante este sistema. Por su parte, los japoneses lo están experimentando a gran escala, acompañado por la construcción de estanques de baja energía, que se aprovechan a la vez en el desarrollo de la acuacultura.

Otro mecanismo alternativo o complementario a los descritos anteriormente es la utilización de la energía que se produce por la acción de las mareas diarias, mediante la construcción de barreras en el mar y permitiendo que el reflujo de las corrientes de mareas active las turbinas. Los principios básicos de esta tecnología están bien establecidos y, en un futuro cercano, se instalarán en gran escala plantas industriales en puertos y muelles. Actualmente existen varios países que están generando energía mediante este sistema; su producción asciende a cerca de 240 megawatts, en conjunto.

Es indiscutible que, si deseamos aprovechar las fuentes alternas de energía que el mar nos ofrece, y que complementarán a las que tradicionalmente se explotan con la utilización de los hidrocarburos, el carbón, las celdas solares y la energía nuclear, el océano debe ser objeto de un mejor estudio por parte de grupos

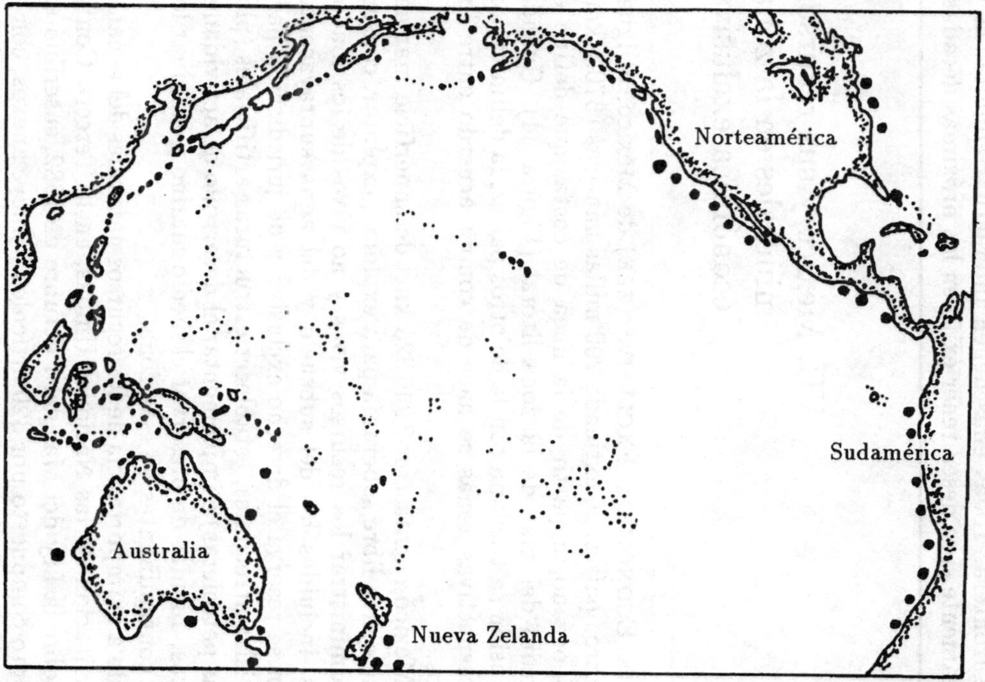

Figura 33. Presencia de fosforitas en los márgenes continentales (puntos negros), debido al reciclaje del agua fría profunda de los océanos hacia la superficie del mar, con concentraciones importantes en nutrientes tales como compuestos de fósforo y de nitrógeno.

multidisciplinarios de científicos y de ingenieros. Debemos tener presente que la ciencia del mar no es una actividad aislada, sino que exige la integración de las ciencias fisicomatemáticas, las naturales, las ingenierías y las humanísticas con la tecnología de frontera. Todas ellas deben interactuar simultánea y armónicamente si se desea tener éxito en las próximas décadas.

VII. México y sus recursos minerales en la zona económica exclusiva

La Zona Económica Exclusiva (zee) de México, al igual que en otros países, se extiende 200 millas náuticas (370.4 km) hacia el océano, a partir de la línea de costa, que define el nivel medio del mar de la zona litoral (Figura 34). Cuando esa extensión se traslapa con la de otros países, la delimitación de las respectivas zonas se hace de común acuerdo entre los afectados.

Así, México cuenta con 2 946 825 km^2 de superficie marina, en la que ejerce libre soberanía para explorar, explotar, conservar y administrar los recursos vivos y no vivos de los fondos marinos, incluidos los del subsuelo y del agua suprayacente. También se reserva el derecho exclusivo y de jurisdicción para utilizar islas arrecifales, establecer estructuras artificiales (plataformas petroleras) e implementar el desarrollo de actividades científicas, además de preservar el medio marino y eliminar los agentes contaminantes de esta zona.

Debido a la importancia de los recursos naturales del océano, la Organización de las Naciones Unidas, en la Tercera Conferencia sobre la Ley del Mar del 7 octubre de 1982, suscribió un documento compuesto por 320 artículos y nueve anexos, con el fin de reglamentar equitativamente un orden económico internacional que beneficie tanto a los países en vías de desarrollo como a los económicamente desarrollados, adyacentes o no al mar. Esta iniciativa se hizo con el fin de asegurar que los recursos naturales marinos sean aprovechados como patrimonio de

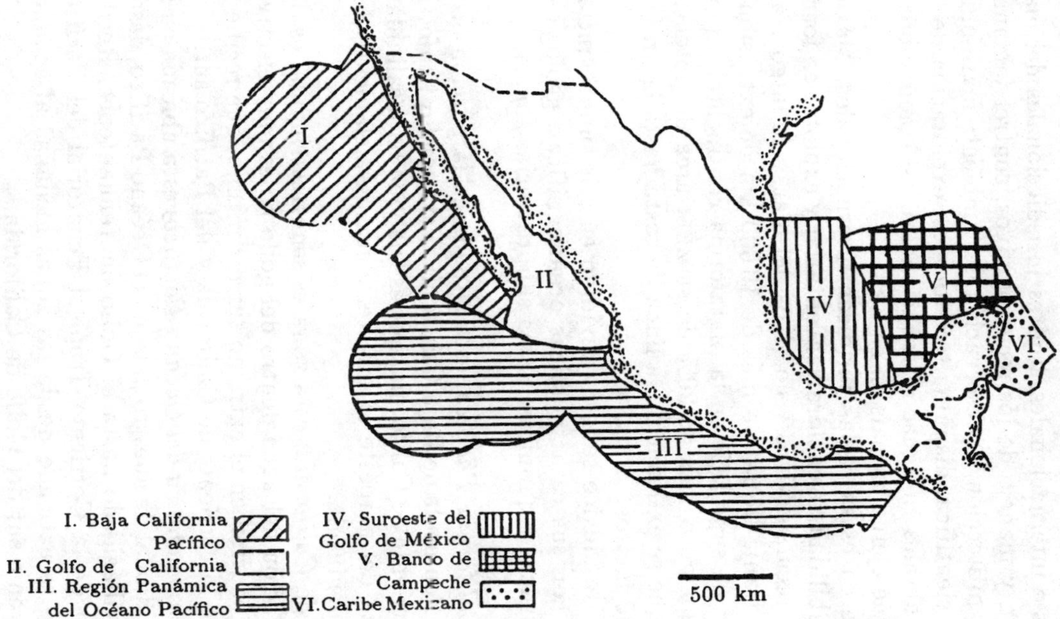

Figura 34. La Zona Económica Exclusiva (ZEE) de México comprende la provincia marina hasta las 200 millas náuticas (370.4 km) y en conjunto cubre una superficie de 2 946 825 km^2 cuadrados, los que sumados a los 2 000 000 de extensión continental, dan un total de 4 946 000 km^2 de superficie territorial nacional. La ZEE se divide en seis subprovincias, tomando como base la situación geográfica de cada una de ellas, así como las características geológicas, climatológicas, biológicas e hidrológicas de las mismas.

la humanidad y no sólo por los países que cuentan con una alta tecnología, y con recursos para explotarlos de acuerdo con sus intereses particulares. Esta explotación habrá de incluir todos los recursos vivos y no vivos, tanto los contenidos en el tirante de agua, como los del lecho oceánico y del subsuelo marino.

La Ley del Mar contiene una serie de reglas que contemplan un conjunto de ordenamientos tales como navegación en aguas territoriales e internacionales, límites jurisdiccionales del mar, conservación y manejo de los recursos vivos, control y manejo de las islas, protección y preservación del ambiente marino, investigación científica, disputas territoriales, explotación de los recursos minerales en aguas internacionales, así como sobre la soberanía que ejerce un país en su ZEE.

Con base en estas reglas jurídicas internacionales, México tiene la posibilidad de explorar, inventariar y explotar en forma racional los recursos vivos y no vivos del mar, a lo largo y ancho de una franja litoral de más de 10 000 km de extensión y 500 000 km^2 de superficie en la plataforma continental, lo que representa un poco más de 20% de su ZEE, área de potencial económico que se extiende de la línea de costa hasta la profundidad de 200 metros.

A la ZEE de México se le ha dividido en seis subprovincias, de acuerdo con sus características oceanográficas: geológicas, biológicas, físicas y químicas. Estas subprovincias son:

I. *Baja California–Pacífico*: está situada en la porción occidental de la Península de Baja California. Esta zona está afectada por la corriente de California, que es fría y de baja salinidad, y se desplaza del noroeste al sureste, o sea paralelamente a la costa de la península.

II. *Golfo de California*: esta zona es semirrestringida, es decir, la circulación del agua dentro del golfo no es muy efectiva; los cambios ocurren en el extremo sur del mismo, que recibe la influencia de la corriente de California y del Pacífico sur.

III. *Región panámica del Océano Pacífico*: está ubicada en la porción meridional de nuestro país, en el Océano Pacífico, desde las islas Revillagigedo hasta el Golfo de Tehuantepec. Recibe la influencia de la Corriente Tropical Ecuatorial del Pacífico oriental, que se extiende desde las zonas aledañas al ecuador hasta el extremo sur del Golfo de California.

IV. *Suroeste del Golfo de México*: está delimitada por el río Bravo al norte y el río San Pedro al sur. Numerosos sistemas fluviales descargan sus aguas, las que poseen un alto contenido de sedimentos provenientes del continente en esta zona. Por ello tanto la plataforma continental como el fondo oceánico están constituidos por lodos y arenas de composición variable.

V. *Banco de Campeche*: su límite occidental bisecta la porción sur del Golfo de México, y el oriental coincide con el borde de la plataforma marina calcárea de Yucatán, hasta Isla Mujeres en el estado de Quintana Roo. Debido a la composición de la Península de Yucatán, los sedimentos marinos depositados en esta gran provincia son de carbonato de calcio.

VI. *Caribe mexicano*: la zona está situada en la porción oriental de la plataforma de Yucatán, y se extiende desde Isla Mujeres, al norte, hasta la zona limítrofe de México con Belice. Debido a la poca afluencia de sedimentos continentales, la región se caracteriza por el desarrollo de complejos arrecifales de origen coralino, por lo que los sedimentos marinos, producto de ellos, también son calcáreos.

En todas estas subprovincias, los recursos minerales del mar se concentran como depósitos de placer durante lapsos que varían desde unas décadas hasta millones de años. Los minerales económicamente atractivos y de gran demanda son los siguientes: hidrocarburos, azufre, sal, roca fosfórica, minerales pesados, carbón, hierro, óxidos de magnesio, minerales preciosos, semipreciosos, así como aquellos utilizados para la construcción —como son la grava, la arena, el limo y la arcilla— y otros metales estratégicos para la electrónica y la balística, tales como el níquel, el cadmio, el cobalto y el cobre. Estos últimos están presentes en las ventilas o chimeneas hidrotermales, emplazadas en las cordilleras oceánicas profundas y en los nódulos de manganeso presentes en las planicies abisales. Algunas de estas concentraciones inciden dentro de nuestra ZEE.

Como ya se mencionó en capítulos anteriores, la provincia del Pacífico se caracteriza por ser tectónicamente activa, lo que se evidencia por su gran actividad sísmica, volcánica y por las intrusiones de rocas ígneas que han estado presentes a través de toda la historia evolutiva de la porción occidental del territorio nacional. Los movimientos tectónicos causan el rompimiento de la corteza terrestre y las soluciones mineralizantes rellenan las fracturas o reemplazan las rocas preexistentes con compuestos de óxidos y sulfuros de cobre, hierro, plata, zinc, cobalto, manganeso, titanio, torio, cromo, circonio y varios más; otros son minerales nativos, como la plata y el oro, abundantes en nuestro país.

Las rocas mineralizadas que afloran en el continente se disgregan por procesos fisicoquímicos y biológicos que separan a los minerales de la roca que los contiene. Algunos de ellos se disuelven y otros son acarreados, eólica y fluvialmente, como partículas sólidas y se acumulan como depósitos de placer en la franja litoral y en la plataforma continental; a su vez, las corrientes de marea, el oleaje y las corrientes litorales y de fondo distribuyen los minerales a lo largo y ancho de la zona marina. En el borde de la plataforma continental, éstos se deslizan por gravedad en los cañones submarinos y forman cascadas hasta alcanzar los fondos oceánicos, a más de 3 000 m de profundidad. Además de los minerales descritos, también hay otros que precipitan sobre los montículos submarinos aislados y con poca influencia de los sedimentos derivados del continente. Entre ellos figuran el mineral glauconita, rico en hierro y potasio, y las fosforitas, cuyo origen se asocia con los lugares de alta productividad orgánica. Éstas coinciden con las zonas donde emergen a la superficie las corrientes del fondo oceánico (surgencias o afloramientos marinos), que son frías y enriquecidas por nutrientes y oxígeno disuelto. Las fosforitas se precipitan como fosfatos de calcio alrededor o en el interior de conchas de moluscos y de microforaminíferos marinos, así como en fragmentos de roca, o bien, reemplazando fragmentos de tallos y material maderáceo proveniente del continente y depositado en el lecho marino, tal como sucede en las costas suroccidentales de la Península de Baja California y en el interior del Golfo de Tehuantepec.

Existen otras fuentes de minerales emplazadas en la Cordillera Oceánica del Pacífico oriental, dentro de la ZEE de México que, como se mencionó en capítulos anteriores, están asociadas a las chimeneas hidrotermales como las de la Cuenca de Guaymas, situadas en la porción central y sur del Golfo de California, así como en el paralelo 21°N. Estas provincias fueron exploradas a través de convenios de colaboración científica entre México, Francia y Estados Unidos. Las expediciones oceanográficas se han llevado a cabo desde el final de la década de los setenta hasta la actualidad.

En estas localidades las ventilas hidrotermales se encuentran un poco más allá de los 2000 m de profundidad y están expulsando sulfuros polimetálicos con temperaturas mayores a los 350°C. Tanto las chimeneas como los sedimentos asociados a las mismas, contienen los siguientes metales (valores promedio del peso total): fierro (4.76%), aluminio (4.03%), manganeso (0.08%), cobre (86 partes/millón), níquel (92 p/m) y cobalto (12 p/m), además de otros elementos como zinc, plata, plomo, bario y sílice.

La materia orgánica contenida en los sedimentos es considerable; varía entre 1.29% y 3.53%. De 13 muestras analizadas se obtuvo un valor promedio de 2.10%. Esta concentración es significativa ya que, en contacto con soluciones de alta temperatura, la materia orgánica se transforma en hidrocarburos gaseosos y líquidos del tipo del petróleo, cuya composición es la siguiente: etano, propano, isobutano y butano. La presencia de hidrocarburos líquidos de origen térmico no se restringe a la Cuenca de Guaymas, ya que Petróleos Mexicanos perforó en la provincia deltaica del río Colorado, al norte del Golfo de California, y encontró gas y condensado asociados a la gran fractura de San Jacinto-Cerro Prieto. Por ella fluyen masa y energía térmica del subsuelo, que en contacto con los sedimentos con altas concentraciones de materia orgánica generan petróleo en sedimentos deltaicos del río Colorado, prácticamente de un día al otro.

Es de esperar que sobre la plataforma continental del Océano Pacífico y en el piso oceánico exista gran variedad de minerales de placer provenientes de las rocas continentales, así como de otros formados *in situ* a diferentes profundidades. Éstos ya están detectados y su evaluación económica será posible cuando se colecten muestras en forma sistemática. En otro aspecto, la provincia del Golfo de California es atractiva como fuente de energía geotérmica, ya que las fracturas y fallas geológicas del Sistema San Andrés son también ductos de migración de calor y masa, como se observa en la Dorsal del Pacífico oriental, en la Cuenca de Guaymas y en Cerro Prieto, cuya planta está produciendo electricidad a partir del vapor de agua a alta temperatura.

Por otro lado, las condiciones geológicas en el Golfo de México son diferentes a las descritas en el Pacífico, en gran medida porque la actividad volcánica y las intrusiones de rocas ígneas han sido volumétricamente inferiores a las de la región del Pacífico. No obstante, los sedimentos depositados en las márgenes del Golfo de México alcanzan a veces espesores de más de 12 km, con materia orgánica derivada del continente y del mar. Debido a ello, las condiciones geológicas son propicias para la formación de hidrocarburos líquidos y gaseosos en volúmenes significativos, de tal forma que esta provincia se considera como *altamente petrolífera.* Asociados a los hidrocarburos están la sal y el azufre, de gran valor económico como en el caso de la antigua cuenca del Istmo en el estado de Veracruz, cuya prolongación al mar se localiza en la porción sur del Golfo de México y en la plataforma continental del Banco de Campeche. La sal también está presente aún más allá, en el centro del Golfo, en una región conocida como Zona de Domos Salinos de Sigsbee.

En la plataforma continental del Golfo de México también existen horizontes sedimentarios en el subsuelo marino, constituidos por agua y vapor mezclados con gas metano, que están encerrados entre estratos impermeables de arcilla y limo; a estos horizontes se les conoce como *yacimientos geopresurizados* y representan fuentes de energía aún no exploradas.

Además de los minerales y las fuentes de energía, se conoce la existencia de depósitos de óxidos de manganeso en la forma de costras y nódulos, que se encuentran sobre las porciones norte y oriental de la plataforma de Yucatán, por lo que es probable que estén presentes otros minerales, tales como fosforitas y glauconita. Por ello es imprescindible que se incremente la exploración oceanográfica con el objetivo de localizarlos y evaluarlos, y así conocer su potencial económico.

En la planicie costera de Veracruz y en la plataforma marina adyacente a la misma, hay depósitos de cuarzo (óxido de silicio) que se están explotando por su importancia como abrasivos y para la industria del vidrio. En sitios específicos se conocen depósitos de minerales de óxidos y sulfuros, por ejemplo en la desembocadura del río Bravo, en Tamaulipas; en San Andrés Tuxtla, Veracruz; en la planicie costera del estado de Tabasco; en las desembocaduras de los ríos Usumacinta, Grijalva y San Pedro (Figura 32).

La tercera provincia geológica de gran importancia para México es la del Caribe, que incluye la porción nororiental de la Península de Yucatán. En esta zona se han acumulado rocas de carbonato de calcio y evaporitas compuestas por cloruros y sulfatos, con un espesor mayor a los 3 500 metros.

Los recursos abióticos que se esperan de esta zona son: hidrocarburos, fosforitas, costras de manganeso y glauconita, además de la roca calcárea que aflora en la península y que, por sí misma, representa un recurso potencial muy importante como material de construcción y para la industria cementera.

A través de esta breve semblanza vemos que México tiene amplias posibilidades de desarrollar la explotación de sus recursos no vivos, por lo que es indispensable prestar más atención a la investigación básica que aporta estrategias de localización y de evaluación de los recursos minerales y energéticos con potencial económico. Es fundamental destacar que los programas de explotación de los recursos no vivos de las provincias marinas deberán definirse con apoyo del máximo avance tecnológico, con objeto de no alterar o, más aún, no destruir los sistemas ecológicos, ya que la desaparición de los mismos crea daños irreversibles y hace que se pierda la oportunidad de beneficiarse con ellos, puesto que son una fuente estratégica para el desarrollo socioeconómico de México.

VIII. Avances científicos marinos en México

TRADICIONALMENTE en México el mar se ha utilizado como vía de transportación, fuente de recursos pesqueros, zona recreativa y, lo que en cierto sentido es grave, como recipiente de desechos industriales, agrícolas y urbanos.

El mar es más que eso; es una fuente de recursos minerales y energéticos, así como un abastecedor del vital líquido, el agua, que puede potabilizarse.

Nuestros mares y océanos también son fuente de conocimiento para entender la evolución geodinámica del territorio continental y de la presencia de los enormes recursos con los que cuenta el país. En este aspecto, investigadores mexicanos y extranjeros han hecho descubrimientos de suma importancia en nuestros fondos oceánicos. Cabe destacar los del Golfo de California y del Pacífico de México, sin contar el potencial petrolero en el Golfo de México.

La Dorsal Oceánica del Pacífico oriental incide en el actual Golfo de California, hasta desaparecer por debajo del continente en la región de la planicie deltaica del río Colorado, y vuelve a resurgir y manifestarse en la fractura Mendocino, en la latitud 50°N. Hacia el Pacífico sur, su prolongación es de unos 8 000 km, hasta la Dorsal de la Antártida, en la latitud 50°S (Figuras 19, 20 y 23).

Las dorsales oceánicas son grandes fracturas que manifiestan la expansión del fondo marino, como ya se ha descrito en párrafos anteriores. Su importancia geológica estriba en el hecho de que son parte de la evidencia de la renovación del fondo oceánico, de la existencia de corrientes magmáticas convectivas y de la dinámica de los bloques continentales, mecanismos generados en el interior de la Tierra. Estas dorsales, además, representan un claro ejemplo de la presencia de vida exuberante a profundidades oceánicas mayores a los 2 000 m, y rompen con los dogmas científicos antiguos, según los cuales a esas profundidades el piso marino presentaba escasa o nula actividad biológica.

En 1977, geólogos estadunidenses a bordo del submarino de investigación *Alvin* descubrieron a unos 320 km al noreste de las islas Galápagos y a 2 600 m del nivel del mar, una concentración de "gusanos gigantes" de más de dos metros de longitud en colonias semejantes a arbustos de bambú, almejas blancas de unos 30 o 40 cm de longitud, bancos de mejillones, cangrejos, peces en forma de anguilas y numerosos organismos con forma de crustáceos. Estas colonias orgánicas están vivas y crecen alrededor de las chimeneas hidrotermales, que expulsan agua entre 10 y 40°C a través de fisuras y oquedades del lecho oceánico.

Las inmersiones del *Alvin* en esta región fueron objetivos de la expedición del Instituto de Oceanografía SCRIPPS de Estados Unidos, llevada a cabo en 1976 y a la que se denominó *Pléyades*, cuyo interés eminentemente geológico era observar y entender la formación de una nueva corteza marina en el eje de las dorsales. En esta expedición se tomaron muestras y fotografías submarinas en donde se aprecian las congregaciones biológicas a las que nos referimos.

En 1978 y 1979, un grupo internacional de investigadores de Estados Unidos, Francia y México exploraron la dorsal oceánica en México, a 21° de latitud norte, en el extremo sur del Golfo de California. Con el submarino francés *Cyana* y el estadunidense *Alvin* se realizaron 32 inmersiones a 2 700 m de profundidad. De ellas, 12 se realizaron con el *Cyana* (Programa RITA, acrónimo de las placas oceánicas de Rivera–Tamayo), y 20 con el *Alvin* (Programa RISE, acrónimo de Rivera Submersible Experimental). Con estas expediciones oceanográficas también se encontraron evidencias de organismos coloniales semejantes a los de Galápagos: "gusanos gigantes" del grupo de los pogonóforos vestimetíferos (*Riftia pachyptila*) y almejas gigantes (*Calytogena*), así como cangrejos, camarones, medusas y otros hidrozoarios, además de peces en forma de anguilas.

Estos nichos ecológicos están asociados a respiraderos hidrotermales o ventilas, que expulsan agua a temperaturas de 23 a 25°C, y cuya cadena alimenticia depende de bacterias filamentosas del género *Beggiatoa*, las cuales forman extensas carpetas con diferentes coloraciones: anaranjado en las zonas térmicas y blanco en las más frías, que se encuentran alejadas de la boca de los respiraderos. También hay otras fumarolas hidrotermales de color negro, cuyo rango de temperatura es de 350 a 400°C. Los sedimentos negros expulsados son sulfuros polimetálicos, con concentraciones de 42.7% de fierro, 28.7% de zinc, 6% de cobre y proporciones más bajas de otros minerales estratégicos para la industria: cobalto, plomo, plata, cadmio, manganeso, así como cloro, calcio y potasio.

Antes del descubrimiento de 1977 al pie de las islas Galápagos, los biólogos consideraban que, si bien existía vida a grandes profundidades, cuando menos hasta los 10 000 m de profundidad, ésta era escasa y dispersa, como se demostró con la expedición del buque danés *Galathea*. En esta expedición se explicaba que a esas profundidades la temperatura del agua es cercana a los 0°C, y carece de luminosidad solar y de nutrientes suficientes para sostener la cadena alimenticia.

Pese a la carencia de estos factores vitales, se destaca la presencia exuberante de organismos totalmente independientes de los procesos fotosintéticos. Los nutrientes son elaborados por las bacterias que oxidan los sulfuros polimetálicos de las fumarolas hidrotermales, con lo cual se obtiene la energía suficiente para transformar el carbono mineral (CO_2) en carbono orgánico; a este proceso se le denomina *quimiosíntesis*. Las bacterias que producen la energía por quimiosíntesis son *autótrofas* y las que obtienen energía por la degradación de la materia orgánica son *heterótrofas*. Ambas bacterias conviven en las chimeneas hidrotermales y son el principio de la cadena alimenticia para otros organismos más evolucionados.

En 1980, con las incursiones del buque oceanográfico francés *Jean Charcot*, se descubrió que la actividad hidrotermal se presenta a todo lo largo de la Dorsal del Pacífico oriental, desde los 21° de latitud norte hasta los 20° de latitud sur, o sea, hasta las islas de Pascua, en una extensión de 2 400 millas náuticas. En 1983 un grupo de investigadores canadienses, con el submarino *Pisces IV*, localizaron en el piso marino, a 1 570 metros, un nicho ecológico similar al de las islas Galápagos, en la boca del Golfo de California y otro más en la dorsal de la placa oceánica Juan de Fuca, frente a Columbia Británica, a 46° de latitud norte, es decir, en la porción suroccidental de Canadá y noroccidental de Estados Unidos.

Por otro lado, en 1978 y 1979, a bordo del buque oceanográfico *Glomar Challenger* se exploró la cuenca oceánica Guaymas, con profundidades de hasta 2 010 m, y se colectaron numerosas muestras de sedimentos impregnados de hidrocarburos gaseosos y líquidos que se están generando *in situ*, de edad isotópica máxima de 4 000 años.

Como consecuencia de estos descubrimientos se llevaron a cabo otras cuatro campañas oceanográficas, en 1982, 1985, 1988 y 1990, con inmersiones del submarino *Alvin* bajo la responsabilidad de la institución oceanográfica Woods Hole de Estados Unidos. En la Cuenca de Guaymas se observaron las chimeneas hidrotermales, los nichos ecológicos descritos en párrafos anteriores y la presencia de hidrocarburos líquidos y gaseosos, todos ellos situados en la cresta de la dorsal oceánica.

La importancia científica de los descubrimientos mencionados es incuestionable, pero además éstos tienen implicaciones económicas, puesto que permiten contar con mejores criterios para la localización de nuevos recursos minerales y energéticos en áreas aledañas al Golfo de California, o sea, en los estados de Baja California Sur, Baja California, Sonora, Sinaloa y Nayarit. De igual modo facilitan una mejor comprensión sobre la presencia de los mismos recursos en las zonas de minerales en el continente expuesto, donde algunos se encuentran actualmente en explotación.

Conociendo la trascendencia de estos hallazgos oceanográficos, investigadores mexicanos y extranjeros estudian las provincias marinas del Pacífico, del Golfo de México y del Caribe, en la ZEE que, como ya se mencionó, cubre una superficie de 2 892 000 km^2, de una franja litoral rica en concentraciones de minerales de placer e hidrocarburos, así como en materiales útiles para la construcción.

En el mar mexicano existen numerosos recursos además de los pesqueros, como son los energéticos y minerales. Estos dos últimos se han extraído tradicionalmente del continente expuesto, debido a su abundancia, y a que su exploración y aprovechamiento resultan más económicos que a profundidades oceánicas. No obstante, es necesario que el país cuente con un inventario de sus recursos marinos para aprovecharlos racionalmente en el futuro tal vez no remoto.

Algunos de los procesos geológicos que se han detectado en la Cuenca Oceánica del Pacífico, el volcánico y el hidrotermal, son factores importantes como fuente de minerales polimetálicos, aparte de que favorecen la proliferación de la vida (Figura 35). Algunos de estos minerales precipitan en forma de concreciones botroidales cuya superficie es lisa, rugosa o combinada. La composición de las concreciones minerales es variada; sin embargo, en ellas predominan los siguientes metales: manganeso, hierro, cobre, níquel, cobalto, molibdeno, vanadio, plomo y zinc. A estas estructuras polimetálicas se les conoce como *nódulos de manganeso* y son abundantes en el fondo oceánico profundo (Figura 36).

El descubrimiento de esos nódulos no es reciente: en el siglo pasado, Charles W. Thompson, a bordo del buque oceanográfico inglés *H. M. S. Challenger* los colectó en el Atlántico y en el Pacífico durante la expedición oceanográfica que se llevó a cabo de 1872 a 1876.

Fue apenas en este siglo, a principios de la década de los sesenta cuando los consorcios mineros integrados por Estados Unidos, Japón, Alemania, Gran Bretaña, Canadá, Holanda, Bélgica e Italia, explorando el Pacífico norte al sureste de las islas Hawai, en la zona comprendida entre las fracturas oceánicas de Clarion y Clipperton (Figura 35), recuperaron nódulos y

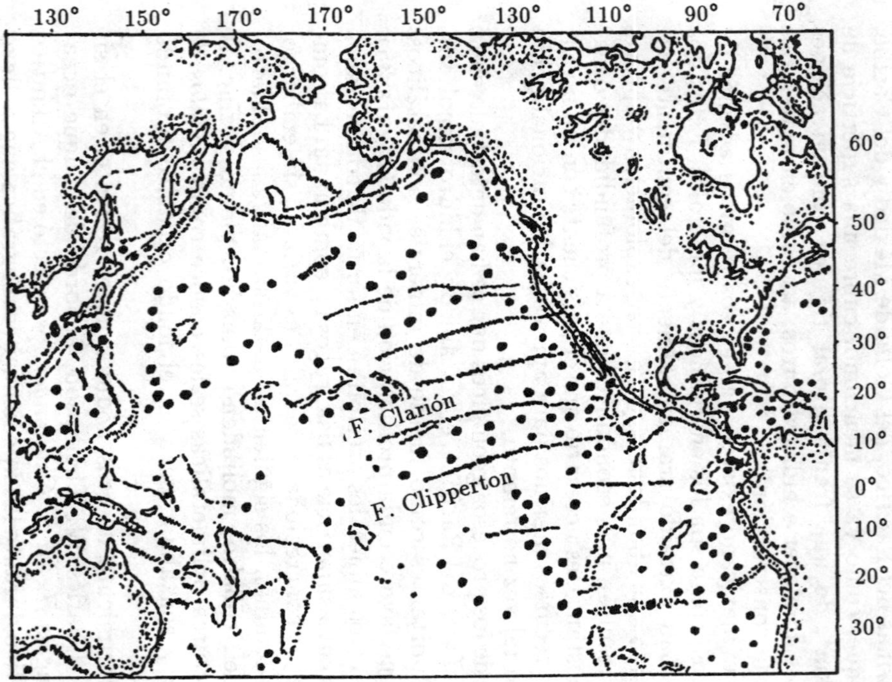

Figura 35. Una de las características de las cuencas oceánicas es su alto dinamismo tectónico, que se manifiesta por su actividad volcánica e hidrotermal. Éstos son procesos básicos para la formación de nódulos de manganeso, ampliamente distribuidos en el fondo abisal (puntos negros) y constituidos por metales tales como manganeso, hierro, cobre, níquel, cobalto, molibdeno, vanadio, plomo y zinc.

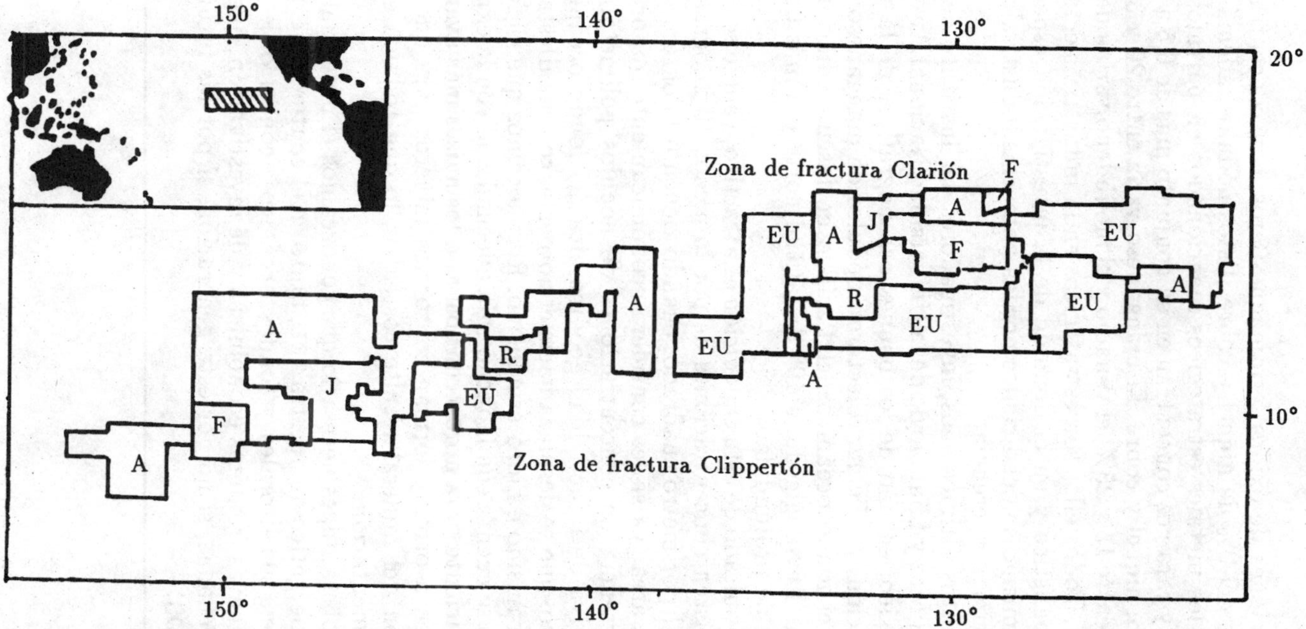

Figura 36. Distribución de las áreas con alta concentración de nódulos de manganeso en donde las Naciones Unidas permiten que los inversionistas exploren y extraigan esta riqueza mundial del fondo oceánico. (A) La Autoridad del Fondo Oceánico; (F) Francia; (J) Japón; (R) Consorcios de Rusia; y (EU) Consorcios de los Estados Unidos de América.

concreciones de óxidos ferromagnesíferos, con concentraciones de más del 2% de níquel y cobre. Estos nódulos, además, contienen los metales estratégicos mencionados en párrafos anteriores, y rara vez concentran en su conjunto más de 6.5 a 7% de cobalto, níquel y cobre. El manganeso varía entre 20 y 35%, el hierro entre 15 y 25%, el vanadio y el molibdeno varían de 0.001 a 0.1%. Todos ellos son estratégicos en la industria electrónica, en la balística y en el dominio de la investigación espacial, y por lo mismo son codiciados por las potencias industriales a las que hicimos referencia.

En estos últimos años, investigadores del Instituto de Ciencias del Mar y Limnología de la Universidad Nacional Autónoma de México, en uno de los buques oceanográficos de la misma institución, *El Puma*, colectaron nódulos de manganeso explorando el fondo oceánico del Pacífico en las inmediaciones de las islas Revillagigedo, a 19° de latitud norte y a más de 4000 metros de profundidad.

El resultado de esta expedición es atractivo, ya que se detectó que existen concentraciones de por lo menos 10 kilogramos de mineral por metro cuadrado; cuando tienen 6 kilogramos en la misma área, ya se les considera económicamente importantes. La presencia de concentraciones de nódulos polimetálicos es indicativa de la actividad geodinámica del fondo oceánico del Pacífico, que se desplaza hacia el noroeste, con manifestaciones de vulcanismo e hidrotermalismo. Reconocemos que en México aún no se cuenta con la tecnología adecuada, ni con la experiencia suficiente para aprovecharlos; aun los países más avanzados recurren a otros y forman consorcios mineros para que la extracción del mineral resulte costeable, lo que todavía está en experimentación.

No obstante, es necesario que conozcamos el potencial mineral y energético de nuestra ZEE, tanto en el continente expuesto como en sus litorales y fondos oceánicos; con el objetivo de abrir nuevas fronteras económicas y de investigación, que serán aprovechadas, si no por esta generación, sí por las futuras del siglo XXI.

IX. Perspectivas presentes y futuras de México dentro del contexto mundial, en la investigación del mar y de sus recursos

En las últimas décadas, los países industrial y económicamente desarrollados se han interesado por el mar y sus recursos dentro de su búsqueda por mantener su nivel mundial de superpotencias. Por esta razón, los países en vías de desarrollo defienden su posición de expander su soberanía mediante la extensión de su mar territorial hasta 12 millas náuticas a partir de la costa y la zona contigua otras 12 millas náuticas del límite externo del mar territorial. Los países en vías de desarrollo exigieron contar con una extensión de 200 millas náuticas desde la línea de costa hacia mar adentro y considerarla como su ZEE (Figura 37).

Por otro lado, los países industrializados deseaban reducir los límites mencionados hasta tres millas, como propuso en 1945 el entonces presidente de Estados Unidos, Harry S. Truman, quien además pugnó por mayores libertades para explotar los recursos del mar, de acuerdo con la capacidad científica y tecnológica de cada país. Debido a esta discrepancia de intereses se llevó a cabo la primera conferencia sobre la Ley del Mar, convocada por la Organización de las Naciones Unidas en Ginebra en 1958. En ella se contemplaron cuatro acuerdos: *1*) límites geográficos del mar territorial y de la zona contigua; *2*) definición de la libertad que debería haber en aguas internacionales; *3*) definición de la libertad de pesca y conservación de los recursos vivos; y *4*) derechos de los países en la plataforma continental para explorar y explotar los recursos vivos y no vivos. En 1960 se llevó a cabo una segunda conferencia, en la que se discutieron las extensiones del mar territorial y de la zona contigua.

En 1970, el embajador de Malta, Arvia Pardo, propuso que el fondo oceánico debería ser una "herencia común para la humanidad"; por esta idea se le considera el padre de la nueva Ley del Mar.

No fue sino hasta 1982 cuando las Naciones Unidas convocaron a la Tercera Conferencia sobre la Ley del Mar (UNCLOS III), con el propósito de que todos los países, ya sea en vías de desarrollo o desarrollados, gozaran equitativamente de los

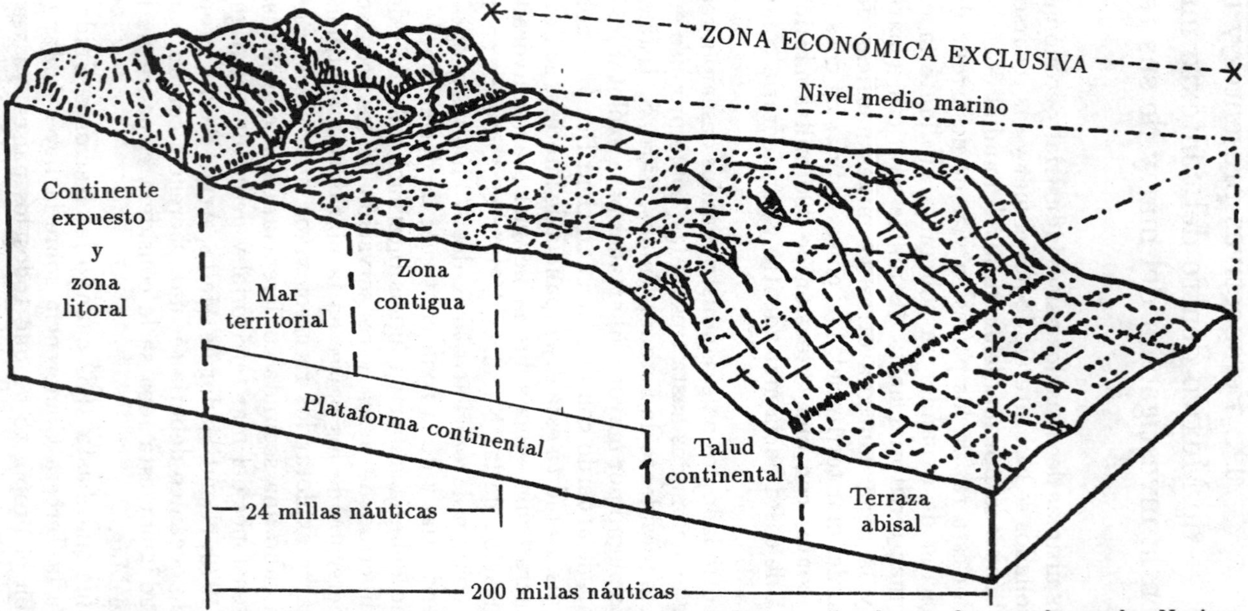

Figura 37. Extensión de la ZEE, del mar territorial y de la zona contigua, según el acuerdo tomado por las Naciones Unidas en 1982, en la Tercera Conferencia sobre la Ley del Mar (UNCLOS III), con el espíritu de que todos los países gozaran equitativamente de los recursos del resto del mar como patrimonio de la humanidad.

recursos del mar. Con esta idea se establecieron las siguientes reglamentaciones: *1*) la extensión del mar territorial de cada país que colinda con el mar es de 12 millas náuticas a partir de la línea de costa; *2*) la extensión de la zona contigua es de 12 millas náuticas a partir de las 12 millas del mar territorial; *3*) la extensión de la ZEE es de 200 millas náuticas a partir de la línea de costa; *4*) más allá de las 200 millas, la zona es internacional y se llama *el área*. Esta zona ha sido declarada propiedad de toda la humanidad y la vigilancia de sus recursos naturales queda bajo la responsabilidad de la *Autoridad sobre el fondo oceánico*, que es una comisión especial internacional de las Naciones Unidas y la *Empresa*, que es un organismo de la *Autoridad*, encargado de explorar y explotar los recursos del fondo oceánico para beneficio común internacional.

Naturalmente que algunos de los países desarrollados —como los Estados Unidos, Alemania y el Reino Unido— no firmaron el convenio, puesto que entre 1973 y 1976 habían invertido muchos millones de dólares a través de cuatro grandes consorcios internacionales formados por grupos industriales de Estados Unidos, Europa y Japón, que van a la vanguardia en el desarrollo de alta tecnología en las áreas de la minería y el petróleo.

Estos consorcios sabían del potencial económico de la zona de las fracturas de Clarion y Clipperton en el Océano Pacífico. Los estudios exploratorios y las técnicas de explotación y procesamiento tuvieron éxito. Los nódulos de manganeso se colectaron, en forma experimental, a profundidades del orden de 5 500 metros y empezó a prepararse la estrategia para extraerlos comercialmente (Figura 36).

En 1980 y 1981 hubo un descenso en la economía mundial y también en el valor de los metales que, aunado a la inconformidad de los consorcios mencionados por las negociaciones preparatorias que se llevaban a cabo sobre las recomendaciones de la nueva Ley del Mar, particularmente la que se refiere a la transferencia de tecnología de los grupos industriales a la *Empresa* de las Naciones Unidas, desalentaron a estos consorcios y los llevaron a interrumpir las actividades anteriormente mencionadas sobre la extracción y comercialización de los metales contenidos en los nódulos de manganeso de aquella región. No obstante, otros países sí aceptaron los lineamientos señalados, que serían oficialmente propuestos en la Tercera Conferencia sobre la Ley del Mar, celebrada el 7 de diciembre de 1982. Estos países son:

Francia, Japón, la entonces Unión Soviética y la India. Los tres primeros ya tenían un gran avance en la exploración y colecta de los nódulos: Francia realizó una exploración sistemática en el Pacífico sur entre 1971 y 1974, y posteriormente en el Pacífico norte. Japón, por otro lado, realizó exploraciones con éxito en las porciones occidental y central del Océano Pacífico. La entonces Unión Soviética llevó a cabo en 1971 el proyecto de investigación de los mares profundos u océanos, y utilización de sus recursos naturales. En 1972, además de Rusia, participaron en este proyecto Bulgaria, Checoslovaquia, Hungría, Alemania Democrática y Polonia y posteriormente se unieron Rumania y Cuba. Entre 1973 y 1986 se colectaron nódulos de manganeso en varias partes del Océano Pacífico, principalmente en el área comprendida entre las fracturas oceánicas de Clipperton y Clarion (Figura 36).

La India se interesó en los nódulos de manganeso desde 1960, y entre 1978 y 1980 publicó diversos informes sobre sus resultados; de 1982 a 1985 inventarió la parte central del Océano Índico, apoyada por su Instituto Nacional de Oceanografía, y reportó la existencia de abundantes nódulos en el fondo oceánico a 5 500 metros de profundidad. En el campo de la metalurgia, el país ha tenido buenos avances: creó un Centro de Ingeniería Oceánica y está proponiendo establecer otro Centro Regional de Investigación y de Desarrollo Tecnológico de Excelencia.

Los cuatro países en mención: Francia, Japón, Rusia y la India, solicitaron su ingreso como *inversionistas pioneros* desde 1984; sin embargo, no fue sino hasta diciembre de 1987 cuando los tres primeros obtuvieron el reconocimiento oficial, debido a que las áreas de interés por explotar estaban traslapadas por varios países pese a que, entre otras condiciones, está el evitar esta situación para poder ser considerados como *inversionistas*. La India por su parte no tuvo esa dificultad, y con la infraestructura científica y tecnológica con que cuenta le bastó para ser reconocida como *inversionista pionero* en el mes de agosto de 1987.

También existen otros países a quienes se les considera *inversionistas pioneros potenciales*, puesto que en estos últimos años han invertido sumas considerables de dinero, además de que han desarrollado técnicas de exploración, explotación y procesamiento; así que en pocos años podrán solicitar su ingreso a la *Empresa* de la Ley del Mar. Entre los países con mayores perspectivas inmediatas figuran China, Corea del Sur, la nueva República de Alemania, Noruega y Finlandia.

Sin embargo, aun los países en vías de desarrollo como Colombia y Brasil han hecho gestiones como *inversionistas potenciales*, si bien todavía les queda un gran trecho por recorrer para lograrlo. Por esta razón, entre otras, a la India y a China se les denomina "superpotencias del Tercer Mundo".

Todos los países interesados en los nódulos de manganeso —para obtener níquel, cobalto, cobre y manganeso, en un futuro cercano— también piensan recuperar los nódulos de zinc, vanadio y molibdeno. Estos nódulos se encuentran sobre el fondo marino, siendo los más enriquecidos en metales los que se forman entre los 4 000 y 5 000 m de profundidad, si bien hay otros que se forman en ambientes someros y aun en el continente durante la actividad volcánica. Las áreas con poca sedimentación evitan la dilución de los iones metálicos, y en las zonas cercanas a una dorsal oceánica activa, las fracturas permiten la circulación controlada de soluciones enriquecidas de iones metálicos, algunas de las cuales logran alcanzar las profundidades abisales. Las corrientes del fondo deben ser lo suficientemente oxigenadas para inducir la precipitación del níquel y del cobre, evitando a la vez la rápida formación de manganeso.

No obstante que se ha hablado mucho de los nódulos de manganeso como fuentes de metales estratégicos, no son éstos los únicos; también hay depósitos de sulfuros y costras cobaltíferas.

Los depósitos de sulfuros están asociados con ventilas hidrotermales o chimeneas hidrotermales. En 1978, con el submarino francés *Cyana* se descubrieron depósitos de sulfuros polimetálicos asociados con chimeneas hidrotermales inactivas en la Dorsal o Cordillera Oceánica del Pacífico oriental, en la porción mexicana del sur del Golfo de California. En 1979, con el submarino estadunidense *Alvin* se localizaron sulfuros polimetálicos en chimeneas hidrotermales activas, en el mismo lugar explorado por el *Cyana* en la década de los ochenta. Aún más, en la Cuenca de Guaymas, en la porción central del mismo golfo, también hay depósitos de sulfuros polimetálicos. Los sulfuros contienen zinc, cobre, plomo, oro, plata y otros minerales también de interés económico, como cobalto, cadmio y cesio. Las chimeneas que expulsan partículas metalíferas se encuentran cerca del eje de las dorsales y tienen un espesor de sedimentos casi nulo. En otros casos, también están asociadas a fallas de transformación que cruzan transversalmente las dorsales oceánicas, como sucede al norte de la Cuenca Fiji, en Japón. Aquí se encontraron, según cálculos realizados, varios millones de toneladas de depósitos ricos en cobre y zinc al igual que en la cordillera norte del Océano Atlántico, durante la expedición oceanográfica del proyecto de colaboración franco-estadunidense *Famous* en 1978.

Otros sulfuros también se encuentran en las crestas de las dorsales, en donde existe una tasa de sedimentación considerable debido a su cercanía con el borde continental, como en el Golfo de California y en Juan de Fuca en el Pacífico, situado en el mar adyacente a la parte continental noroccidental de Estados Unidos. Estos depósitos están enriquecidos con zinc, plomo y arsénico. En las montañas submarinas de origen volcánico situadas en el eje de las dorsales, como en el caso también de Juan de Fuca, hay volúmenes importantes de sulfuros y presencia de metales como plata y oro, además de zinc. En las cuencas adyacentes a los arcos volcánicos como las Marianas, las Fiji y Lau, en el Pacífico, se colectaron en 1988 sedimentos con polimetálicos asociados con hidrotermalismo de temperaturas mayores a los 400°C, enriquecidos con sulfato de bario. En los arcos volcánicos separados del continente por el mar, como en la isla de Okinawa, los sulfuros están caracterizados por sus altas concentraciones de cobre, plata y oro.

Como se observa, las zonas de la corteza oceánica altamente activas son zonas de debilidad en las que se expulsan metales de alto valor económico, con gran demanda y en volúmenes considerables, por lo que resultan atractivos como reserva potencial para el siglo venidero.

Otras concentraciones metalíferas importantes son las costras cobaltíferas que se encuentran en las paredes interiores y exteriores de los atolones sumergidos conocidos como *guyots* (Figura 26). Estas costras fueron reportadas desde 1965 y un grupo de investigadores franceses halló ejemplos de ellas entre 1 000 y 2 000 metros de profundidad en 1970, en la Polinesia Francesa. Las costras metalíferas revelaron una alta concentración de cobalto (1 a 1.5%) y de platino, con valores muy atractivos.

En las paredes externas de los atolones —islas volcánicas con crecimiento coralino alrededor de la misma— la precipitación del cobalto es de origen hidrogenético en las zonas de oxígeno mínimo. El cobalto en estos lugares puede alcanzar una concentración de hasta un 2.5%. En las partes internas del atolón, el enriquecimiento es menor y su origen se asocia con la actividad hidrotermal del volcán.

Los países industrializados cuentan con la suficiente tecnología, como ya se ha dicho, para explorar los fondos oceánicos y localizar los minerales del mar. Las técnicas para la fase de extracción de los mismos se están perfeccionando actualmente con el fin de alcanzar una capacidad de extracción mayor de 3 000 000 de toneladas por día para que resulte económicamente rentable. En la fase de explotación, el transporte y el procesamiento serán problemas menores, puesto que se usarán los tradicionales y se irán perfeccionando de acuerdo con la experiencia que se vaya adquiriendo. De todas estas fases, la más delicada y la menos avanzada es la de la extracción, sencillamente porque además del bajo volumen que se obtiene por día en la actualidad, el grado de contaminación de la columna de agua y del ecosistema puede tener gran impacto ambiental.

La zona del Océano Pacífico situada entre las fracturas Clarion y Clipperton será explotada durante la presente década o en la primera del siglo XXI. Están en programa 10 proyectos para ser desarrollados casi simultáneamente, los cuales cubren áreas de 50 000 a 160 000 kilómetros cuadrados cada uno. El fondo oceánico, al ser dragado, destruirá la fauna bentónica que, aunque escasa, no deja de ser importante. Sin embargo, cuando la carga mineral se extraiga hacia la superficie, se derramará un volumen de sedimentos durante su acarreo a la superficie, y si el valor de los metales es atractivo, se espera que la extracción sea de alrededor de 5 500 toneladas por día, con una pérdida por derrame de 2 200 toneladas de sólidos. Los sedimentos derramados crearán una turbiedad en el agua que puede implicar una columna densa de lodos, la cual podría cubrir, de acuerdo con los cálculos, unas 50 millas náuticas; la columna turbia permanecerá cuando menos una semana si se suspende la extracción del mineral, lo cual es conveniente desde el punto de vista económico. Por otro lado, se espera que el procesamiento metalúrgico primario se realice a bordo de los buques, por lo que el desecho industrial podría también arrojarse al mar.

Estas actividades que se mencionan traen consigo varias consecuencias:

1) Los desechos químicos envenenan la flora y la fauna marinas.

2) La ausencia de luz por la turbiedad del agua, provocada por los productos arrojados al mar, también aniquilará a todos los organismos. La fauna mayor que se nutre de los microorganismos migrará o morirá

3) Las dragas en el fondo del mar afectarán a la fauna del fondo oceánico y sus moradas.

4) La columna de sedimentos en difusión afectará temporalmente al agua marina y se reducirá el oxígeno disuelto en la misma.

Como vemos, se espera que el impacto sobre el ambiente sea considerable, aunque el daño y las consecuencias a mediano y largo plazo son aún impredecibles.

Los primeros proyectos que se lleven a cabo serán de suma importancia, porque la capacidad económica y las necesidades sociales de los países indican que ya es oportuno buscar otras posibilidades en el mar. No obstante, los problemas técnicos de explotación y de procesamiento no están lo suficientemente solucionados y perfeccionados como para evitar, en forma eficiente, los graves daños a la ecología marina. Por fortuna, la sociedad está ampliando su conciencia colectiva para preservar el medio ambiente y, en respuesta, la tecnología está avanzando a pasos agigantados para evitar el deterioro ecológico irracional. De este modo, para las primeras décadas del siglo XXI, muchos de los problemas de nuestros días, aparentemente de difícil solución, serán parte de esa historia en el futuro cercano.

Considerando el potencial marino con que cuentan México y otros países en vías de desarrollo, es indispensable dejar el papel de espectador y adoptar, a través de la participación y la proyección oportunas, un papel activo mediante acciones efectivas e inmediatas como la creación de centros regionales y subregionales especializados en la ciencia y la tecnología marinas y el fortalecimiento de los ya existentes. En estos centros de alto nivel o de nivel especializado se deberán preparar recursos humanos que aspiren a la excelencia, puesto que ellos son el recurso más valioso de cualquier país para planificar el futuro.

Como resultado de los conocimientos sobre el mar que se adquieran a un nivel internacional, deberán seleccionarse cuidadosamente y jerarquizarse las nuevas tecnologías que existan en los países avanzados. No sólo para adoptarlas, sino para perfeccionarlas y adaptarlas a las necesidades de nuestro país.

La Comunidad Económica Europea ha identificado las ramas de la alta tecnología que requiere el mundo moderno dentro de la Nueva Revolución Industrial y que para los países en vías de desarrollo no están del todo claras o completas.

Ese organismo propone como necesarios e indispensables los adelantos en los siguientes campos: robótica, biotecnología e ingeniería genética, tecnología láser, tecnología ambiental, tecnología en informática y en comunicación, nuevos materiales y eficiencia en el transporte. Por otro lado, los países industrializados continúan desarrollando, además de las disciplinas mencionadas, la microelectrónica y las tecnologías marina y espacial.

Estas actividades y otras deberán adoptarlas los países en vías de desarrollo, pero no como observadores, agentes de servicio o maquiladores: deberán aprenderlas y perfeccionarlas de acuerdo con las necesidades propias y mostrando su capacidad creativa. El mundo moderno reclama la calidad de los seres humanos y no solamente su cantidad, así que no se debe dejar pasar la oportunidad de que la tecnología y la ciencia se utilicen para enaltecer y reafirmar los valores humanos sin renunciar a la existencia misma del ser humano como tal.

Dentro del sistema internacional, los países en vías de desarrollo tienen la categoría de subsistemas. Como resultado de la Nueva Revolución Industrial, sus posibilidades para mejorar social y económicamente se verán reducidas si no participan en programas de colaboración con los países avanzados. No obstante, deberán cuidarse muy bien de que haya equidad en las negociaciones, ya que, de no hacerlo, corren riesgos por al menos tres causas: *1*) históricamente, a los países en vías de desarrollo se les ha dado el trato de suministradores de materias primas, *2*) históricamente, también, se les ha considerado consumidores de productos manufacturados por los países industriales, y *3*) la adquisición de alta tecnología conlleva la automatización, que en un país no planificado produce desempleo masivo.

A través de la historia, los países productores exclusivamente de materias primas nunca han salido del subdesarrollo socioeconómico. Por ello es necesario que, además de contar con ese patrimonio natural, se industrialicen a través de la innovación y la expansión comercial, por medio de convenios con empresas nacionales e internacionales y empresas–gobierno que disminuyan o distribuyan el riesgo de inversión.

Un país es innovador cuando crea un proceso nuevo, un producto o instrumento de aplicación técnica o científica, un material o una nueva forma de organización. Pero además de innovador, debe ser altamente competitivo en el propio país y en el mercado internacional, por lo que también se requiere que lo creado se perfeccione continuamente, que se comercialice, se optimice y se expanda.

En síntesis, México cuenta con grandes posibilidades de desarrollo debido al alto potencial de sus recursos naturales; sin embargo, como ya se mencionó, esto no es suficiente: se requiere de técnicos y científicos altamente especializados en las herramientas y equipos más modernos de la actualidad, a efecto de que puedan desarrollar su capacidad creativa para localizar, inventariar, extraer, procesar, comercializar, optimizar y expander los recursos no vivos que nuestros mares nos ofrecen. Es fundamental que los ecosistemas no sean depredados ya que, como sabiamente lo expresó el maestro emérito universitario doctor Raúl Cervantes Ahumada, en su libro *Derecho marítimo*: "En sus remotos orígenes, la vida nació del mar; en el dramático momento de su madurez histórica, ¡el hombre vuelve hacia el mar para buscar la vida!"

ESCALA GENERALIZADA DE TIEMPO GEOLÓGICO
(Sociedad Geológica de América, 1983)

ERA	PERIODO		ÉPOCA		M. A.
CENOZOICA	CUATERNARIO		HOLOCENO	Actual	0.01
			PLEISTOCENO	Tardío	1.0
				Temprano	1.6
	TERCIARIO	NEOGENO	PLIOCENO	Tardío	3.4
				Temprano	5.3
			MIOCENO	Tardío	11.2
				Medio	16.6
				Temprano	23.7
		PALEOGENO	OLIGOCENO	Tardío	30.0
				Temprano	36.6
			EOCENO	Tardío	43.6
				Medio	52.0
				Temprano	57.8
			PALEOCENO	Tardío	63.6
				Temprano	66.4
MESOZOICA	CRETÁCICO		Tardío		97.5
			Temprano		144
	JURÁSICO		Tardío		163
			Medio		187
			Temprano		208
	TRIÁSICO		Tardío		230
			Medio		240
			Temprano		245
PALEOZOICA	PÉRMICO				286
	CARBONÍFERO				360
	DEVÓNICO				408
	SILÚRICO				438
	ORDOVÍCICO				505
	CÁMBRICO				570
ARQUEOZOICA O PRECÁMBRICA					3 800
PREGEOLÓGICA	FORMACIÓN Y ENFRIAMIENTO DE LA PARTE EXTERNA DEL PLANETA, A PARTIR DE LA NEBULOSA SOLAR FRÍA				4 600

Nota: M. A. = Millones de años. -JEAC/ROTRAM-

RECONOCIMIENTOS

El doctor J. Eduardo Aguayo Camargo y el maestro en ciencias Roberto Trápaga Martínez, autores de la obra *Geodinámica de México y minerales del mar*, expresan su reconocimiento a la comunidad científica por sus valiosas aportaciones al conocimiento universal sobre la geología de nuestro país y el aprovechamiento de los recursos minerales, energéticos, hidráulicos y otros más que son fundamentales en la vida cotidiana de la humanidad.

El doctor Eduardo Aguayo hace un especial reconocimiento al maestro Benjamín Márquez Castañeda, que con el entusiasmo que lo caracteriza y su alta experiencia profesional, ha logrado crear un verdadero "semillero" de jóvenes talentosos que hoy destacan en las diferentes disciplinas de la geología, nacional e internacional.

Asimismo, dedica esta obra a su esposa Chayito y a sus hijos, por el tiempo que no les ha dedicado y que tan pacientemente han sabido apoyar y comprender.

El maestro Roberto Trápaga dedica este libro a su madre María Luisa Martínez de Trápaga y a su padre el doctor Moisés Trápaga Altamirano por el especial apoyo que le prestaron en su formación y desarrollo profesional.

GLOSARIO

aluvial. Sedimento compuesto por peñascos, gravas, arenas, limos y arcillas, depositado en la boca de los cañones intermontanos durante las grandes avenidas fluviales.

andesita. Roca ígnea volcánica cálcico-sódica, asociada con márgenes oceánicas (*v. g.*, cordillera de los Andes).

ángulo azimutal. Ángulo de incidencia entre el borde continental y la placa oceánica.

arcilla. Partícula fina mineral cuyo tamaño es menor a 0.0039 mm. Conjunto de partículas finas sin cohesión.

arco insular. Sistema montañoso elongado formado por volcanes desarrollados en aguas oceánicas.

arco magmático. Sistema montañoso elongado, formado por volcanes y rocas volcánicas alineadas.

bloque. Porción de la corteza terrestre estable o móvil, delimitada por fallas estructurales.

breccias. Rocas sedimentarias de origen volcánico, de tamaño variable y angulosas, depositadas en forma caótica durante la actividad volcánica.

cabalgadura. Traslape de un bloque sobre otro.

cañón. Valle profundo y estrecho con laderas abruptas, verticales, con frecuencia escalonadas; bisecta a las cadenas montañosas y al borde de los continentes y sus taludes en el medio oceánico.

cizallamiento. Esfuerzos tangenciales entre dos bloques.

concreción. Nombre de las estructuras concéntricas de diferente composición mineral cuyos anillos crecen alrededor de un núcleo.

concurrente. Sistema estructural que incide junto con otro, en un mismo punto.

cortical. Relativo a la corteza terrestre.

cuenca. Depresión en la superficie terrestre de forma y origen diversos (*v. g.*, cuenca marginal, depresión en el borde continental).

dacita. Roca ígnea volcánica de composición principalmente silícea.

distensivo. Esfuerzo de tensión entre dos bloques.

dorsal. Sistema de fracturas y de bloques de dimensiones oceánicas (cientos de kilómetros), y de altitudes comparables con las cadenas montañosas continentales (varios kilómetros) que segmentan a las cuencas oceánicas, delimitando grandes bloques o placas tectónicas. Centro de expansión oceánica.

efusión. Expulsión de agua hidrotermal o magma a través de un aparato volcánico.

emersión. Acción de levantarse, de surgir desde la superficie terrestre o del nivel del mar.

erosión. Acción de destruir o denudar a una roca o cuerpo estructural, por procesos fisicoquímicos y biológicos.

estratigrafía. Área de la geología que trata de la formación, composición, secuencias y correlación de las rocas de la corteza terrestre.

estrato-volcán. Se llama así a la efusión de rocas volcánicas y material piroclástico que forma aparatos de grandes dimensiones, con alternancia de lavas y cenizas.

falla. Rasgo estructural manifestado por una fractura en un bloque, a lo largo de la cual se han desplazado los lados.

falla transcurrente. Aquella en la que predominan los movimientos laterales horizontales respecto al plano de falla que es vertical.

falla de transformación. Falla transversal al eje de las dorsales oceánicas; los bloques de los flancos se desplazan en dirección opuesta.

foco sísmico. Zona en la que se genera un movimiento tectónico.

geocronología. Datación de los acontecimientos geológicos de la Tierra.

geodinámica. Disciplina científica que tiene como objetivo explicar los procesos dinámicos de la Tierra.

geomorfología. Ciencia geológica-geográfica que estudia el relieve terrestre: origen, evolución y dinámica actual.

hidrotermalismo. Análisis los procesos de infiltración de agua a zonas profundas, en donde es expulsada hasta la superficie por calentamiento. Expulsión de agua de origen magmático hasta la superficie.

ignimbrita. Roca volcánica silícea formada por partículas volcánicas de tamaño fino y abundancia de vidrio, que son expulsadas en fumarolas del interior de la Tierra, y depositadas en las superficie en estratos gruesos y masivos, cubriendo grandes extensiones de terreno.

intracontinental. Todo aquel proceso, estructura o roca que ocurre dentro o sobre los continentes.

isóbata. Línea imaginaria que configura puntos de igual profundidad.

junta o unión triple. Se denomina así a tres fracturas, fallas, dorsales o la combinación de ellas, que inciden en un punto. Estas expresiones oceánicas tienen grandes dimensiones y generalmente son los límites entre las placas tectónicas.

lava. Material fundido con temperaturas entre 700 y 1 200°C, rico en minerales, gases y agua, proveniente del interior de la Tierra y que se enfría en la superficie, formando las rocas ígneas de origen volcánico.

macizo granítico. Roca ígnea con alto contenido de sílice, potasio y otros constituyentes enfriados en el interior de la Tierra y que aflora por procesos erosivos de las capas que lo cubrían. Su expresión fisiográfica es masiva pues forma montañas cristalinas.

magma. Sinónimo de roca fundida.

metamorfismo. Proceso geológico acompañado por alta presión y temperatura que actúa en rocas preexistentes, deformándolas y recristalizándolas. Las estructuras y la composición mineral primarias de las mismas se pierden por estos mecanismos.

morfotectónica. Ciencia de la geología que estudia las expresiones estructurales de origen tectónico.

orogenia. Deformación episódica e irreversible de una porción de la corteza terrestre, que forma sistemas montañosos.

oscilación eustática. Movimiento vertical del nivel del mar generalmente acompañado por periodos glaciales e interglaciales, sin que intervengan movimientos de la corteza terrestre.

paleomagnetismo. Ciencia que estudia la polarización magnética de las rocas, cuyos minerales magnéticos se orientan de acuerdo con el campo magnético de la Tierra en el momento en que se solidifica el magma que los contiene.

pilar. Cada uno de los bloques rocosos que sobresalen de otros adyacentes durante su rompimiento.

piroclastos. Partículas de diferentes tamaños y formas, de origen volcánico, que se depositan conjuntamente con las lavas de igual composición (ceniza, lapilli, breccias).

placa tectónica. Segmento grande de la corteza terrestre que comprende indistintamente fragmentos continentales y fondos oceánicos y que está delimitado por fosas o trincheras oceánicas, dorsales oceánicas y fallas de transformación.

placer, mineral de. El mineral de placer es el producto de la erosión de rocas que lo contienen; mediante el proceso de transporte se seleccionan dichos materiales de acuerdo con su peso y su tamaño para depositarse, acumularse y concentrarse en ambientes eólicos, fluviales y litorales.

polimetálico. Concentración de minerales metálicos (óxidos y sulfuros) de diferente composición.

protogolfo. Expresión oceánica que está en evolución y cuya tendencia es llegar a ser un golfo de grandes dimensiones. Golfo en nacimiento o en formación. Variaciones: protoplaca oceánica, placa en evolución.

retrogradación. Nombre de todos aquellos procesos que tienden a avanzar hacia el interior del continente. Contrario a progradación, que denomina a los procesos que tiende a avanzar hacia el mar.

riolítica. Roca ígnea efusiva de origen volcánico y de composición silícea.

BIBLIOGRAFÍA

TECTÓNICA GLOBAL E HISTORIA

Aubouin, J. "Geosynclines". *Development in Geotectonics*, núm. 4. Elsevier Publishing Co., 1972.

Bird, J. M. y B. Isacks. *Plate Tectonics.* American Geophysical Union, Washington, D. C., 1972.

Motz, L. *El redescubrimiento de la Tierra.* Consejo Nacional de Ciencia y Tecnología, 1982.

Wilson, J. T. "Deriva continental y tectónica de placas". *Selecciones de Scientific American*, 2a edición. Blume, Madrid, 1976.

Wyllie, P. J. *The Dynamic Earth.* John Wiley & Sons, 1971.

GEOLOGÍA GENERAL DE MÉXICO

Álvarez, M. Jr.; *Geología, paleogeografía y tectónica de México.* Facultad de Ingeniería, Universidad Nacional Autónoma de México, 1969.

López-Ramos, E. *Geología de México.* CONACYT, tomos II y III, 1985.

Morán, D. Z. *Geología de la República Mexicana.* Instituto Nacional de Estadística, Geografía e Informática, 1984.

Hubp, J. L. *Diccionario geomorfológico.* Imprenta de la Universidad Nacional Autónoma de México, 1989.

TECTÓNICA DE MÉXICO

Aguayo, C. J. E., y S. Marín C. "Origen y evolución de los rasgos

morfotectónicos de México". *Boletín de la Sociedad Geológica Mexicana.* Tomo XLVIII, núm. 2, 1987.
Burkart, B. "Offset across the Polochic Fault of Guatemala and Chiapas, Mexico". *Geology*, vol. 6, 1978.
Campa, M. F. y P. Coney. "Tectonostratigraphic terranes and mineral resources distributions in Mexico". *Canadian Journal of Earth Sciences*, vol. 20, 1983.
Demant, A. "Interpretación geodinámica del vulcanismo del Eje Volcánico Transmexicano". *Revista del Instituto de Geología.* Universidad Nacional Autónoma de México, vol. 5, núm. 2, 1984.
Hubp, J. L. y M. A. Ortiz. "Análisis geomorfológico-estructural del conjunto montañoso de la región de Cabo Corrientes, Jalisco". *Boletín de la Sociedad Geológica de México*, vol. XLI, núms. 1 y 2, 1980.
Malfait, B. T. y M. G. Dinkelman. "Circum-Caribbean tectonic and igneous activity, and the evolution of the Caribbean Plate". *Geological Society of America, Bull.*, vol. 83, 1972.
Moore, D. G. y E. C. Buffington. "Transform faulting and growth of the Gulf of California since late Pliocene". *Science*, 161, 1968.
Nixon, G. T. "The relationship between Quaternary volcanism in Central Mexico and the seismicity and structure of subducted ocean lithosphere". *Geological Society of America, Bull.*, vol. 93, 1982.
Salas, G. P. *Cartas y provincias metalogenéticas de la República Mexicana.* Consejo de Recursos Minerales, Publ. ZIE, 1975.
Verma, S. P. "Mexican Volcanic Belt". *Boletín Geofísico Internacional*, vol. 24, núm. 1, 1985.

RECURSOS MINERALES DEL MAR, LEGISLACIÓN Y MANEJO

Aguayo, C. J. E. "Estudio de los sedimentos terrígenos de la Cuenca de Guaymas, Golfo de California, noreste de México". *Rev. del Instituto Mexicano del Petróleo*, vol. XVI, núm. 4, 1984, pp. 5–36.
Carranza-Edwards, A. y L. Rosales-Hoz. "Minerales marinos de valor estratégico". *Gaceta UNAM*, núm. 2451, Ciudad Universitaria, febrero 22 de 1990, pp. 8–9.
Cervantes-Ahumada, R. *Derecho marítimo.* Herrero, 1977.
Ciencia y Desarrollo, Revista CONACYT, núm. 43/VIII, marzo–abril de 1982.
The United Nations Conference on The Law of the Sea (A/Conf/.62/122), octubre 7 de 1982.
University of Helsinki. International Ocean Institute. *Management and Conservation of Marine Resources: Training Programme at Lahti Research & Training Centre.* Finlandia, vols. 1–5, 1990.

ÍNDICE

Este libro se terminó de imprimir y encuadernar en el mes de junio de 2001 en los talleres de Impresora y Encuadernadora Progreso, S.A. (IEPSA), calzada de San Lorenzo 244, 09830 México, D.F.

Se tiraron 2 000 ejemplares.

La Ciencia para Todos
es una colección coordinada editorialmente
por *Marco Antonio Pulido*
y *María del Carmen Farías*

OTROS LIBROS DE LA CIENCIA DESDE MÉXICO

Tagüeña, Julia, y Esteban, Martina	*De la brújula al espín. El magnetismo*
Malacara H., Daniel y D. J. Malacara	*Telescopios y estrellas*
Prol-Ledesma, Rosa María	*El calor de la Tierra*
Fuentes Moyano, Sergio, y Gabriela Díaz Guerrero	*Catalizadores ¿La piedra filosofal del siglo xx?*
Hoffman, Anita	*Animales desconocidos. Relatos acarológicos*
Brandan, María Ester.	*Armas y explosiones nucleares: la humanidad en peligro*
Fierro, Julieta y Herrera, Miguel Angel	*La familia del Sol*
Cifuentes, Juan Luis, Pilar Torres-García, y Marcela Frías Mondragón	*El océano y sus recursos, VII. Flujo de energía en el mar: reproducción y migraciones.*
Magaña Solís, Luis Fernando	*Los superconductores*
Estrada, Alejandro	*Comportamiento animal. El caso de los primates*
Valdés, José Francisco	*Nuestro hogar en el espacio*
Cifuentes, Juan Luis, Pilar Torres-García, y Marcela Frías Mondragón	*El océano y sus recursos, VIII. El aprovechamiento de los recursos del mar.*
Menchaca Rocha, Arturo	*El discreto encanto de las partículas elementales*
Aguilar Sahagún, Guillermo	*El hombre y los materiales*
Sarukhán, José	*Las musas de Darwin*

Aranda Anzaldo, Armando	*En la frontera de la vida:virus.*
Garritz Ruiz, Andoni, y José Antonio Chamizo	*Del tequesquite al ADN. Algunas facetas de la química en México*
Braun, Eliezer	*El saber y los sentidos*
Espíndola, Juan Manuel	*El tercer planeta: edad, estructura y composición de la Tierra*
Montejano Peimbert, Luis	*La cara oculta de las esferas*
Herreman, Rogelio	*De los anteojos a la cirugía refractiva*
Bracho, Javier	*En qué espacio vivimos?*
Hacyan, Shahen	*Relatividad para principiantes*
Avila Mendoza, Javier, y Joan Genescá	*Más allá de la herrumbre, II. La lucha contra la corrosión.*
Martínez Gómez, Lorenzo	*Acero*
Cifuentes, Juan Luis, Pilar Torres-García, y Marcela Frías Mondragón	*El océano y sus recursos, IX. La pesca.*
Soberón Mainero, Jorge	*Ecología de poblaciones*
Vázquez Yanes, Carlos, y Orozco Segovia, Alma	*La destrucción de la naturaleza*
Malacara H., Daniel	*Optica tradicional y moderna*
Rius de Riepen, Magdalena, et al	*Calor y movimiento*

Peralta y Fabi, Ricardo	*Del espacio al subsuelo*
Cifuentes, Juan Luis, Pilar Torres-García, y Marcela Frías Mondragón	*El océano y sus recursos, X. Pesquerías.*
Viana Castrillón, Laura	*Memoria natural y artificial*
Bohigas, Joaquín	*Génesis y transfiguración de las estrellas*
Cifuentes, Juan Luis, Pilar Torres-García, Marcela Frías Mondragón	*El océano y sus recursos, XI. Acuicultura.*
Ezcurra, Exequiel	*De las chinampas a la megalópolis. El medio ambiente en la cuenca de México*
Peña, Antonio y Georges Dreyfus	*La energía y la vida. Bioenergética*
Córdoba Frunz, José Luis	*La química y la cocina*
Rickards Campbell, Jorge, y Ricardo Cameras Ross	*Las radiaciones, II. El manejo seguro de las radiaciones nucleares.*
Llorente Bousquets, Jorge	*La búsqueda del método natural*
Cortinas, Cristina	*Cáncer: herencia y ambiente.*
Chamizo, José Antonio y Andoni Garritz	*Química terrestre.*
Rojas Garcidueñas, Manuel	*De la vida de las plantas y de los hombres*
Brandan, Ma. Ester, Rodolfo Díaz Perches, y Patricia Ostrosky	*La radiación al servicio de la vida.*